NEIMENGGU CAOYE TONGJI

(2009—2018)

内蒙古草业统计

（2009—2018）

内蒙古自治区草原工作站　编著

中国农业出版社

北　京

图书在版编目（CIP）数据

内蒙古草业统计：2009—2018 / 内蒙古自治区草原工作站编著. —北京：中国农业出版社，2020.12

ISBN 978-7-109-27541-6

Ⅰ.①内… Ⅱ.①内… Ⅲ.①草原资源—统计资料—内蒙古—2009—2018 Ⅳ.①S812.8-66

中国版本图书馆 CIP 数据核字（2020）第 210025 号

中国农业出版社出版

地址：北京市朝阳区麦子店街 18 号楼

邮编：100125

责任编辑：李昕昱　　文字编辑：赵冬博

版式设计：李　文　　责任校对：沙凯霖

印刷：北京中兴印刷有限公司

版次：2020 年 12 月第 1 版

印次：2020 年 12 月北京第 1 次印刷

发行：新华书店北京发行所

开本：787mm×1092mm　1/16

印张：17

字数：285 千字

定价：58.00 元

编辑委员会

编 写 组

主　　编：高文渊　赵景峰　王加亭

副 主 编：达　丽　姚　蒙

编写人员：（以姓氏笔画为序）

于宏业　于　萍　王加亭　王珊珊　王革平　王荣芳
王轶群　王铁城　王雪琴　王惠萍　王颖杰　王新颖
乌力吉　乌仁曹　乌　兰　乌兰朝鲁　巴哈日拉图
田福英　白长春　达　丽　伟　军　任　艳　华桂兰
庄光辉　刘永录　刘　芬　刘　玥　刘　昊　刘　海
那日苏　那布其　那顺吉日嘎拉　红　英　孙学涛
孙海艳　苏龙嘎　苏　秦　苏雅拉　杜　华　杨昌祥
李丙全　李东辉　李　红　李红霞　李俊海　李胜旺
李爱林　李　巍　吴金海　吴哈达　吴海岩　佟金泉
邹志和　初文凯　迟晓雪　张小栋　张美琴　张喜在
张　焱　阿拉坦其其格　阿拉腾布拉格　阿穆拉
林国辉　昂格日格　呼斯乐　呼斯勒　金　国
郇东慧　单艳敏　孟利军　孟和吉日格勒　项锴锋
赵云华　赵永富　赵景峰　胡日勒　哈斯巴特尔
姜永成　姜　艳　姚　蒙　袁　伟　莎日娜
特日格乐　高文渊　高延勃　高利军　高秀芳
郭　欢　郭志忠　凌红波　萨　拉　常伟东　梁东亮
梁留喜　董艳伟　韩金荣　蔡宇明　德力黑　燕　茹
戴桂香　镡建国

编写说明

为了准确地掌握内蒙古自治区草业发展形势，便于从事、支持、关心草业的各个有关部门和广大工作者了解和研究该区草业经济发展情况，内蒙古自治区草原工作站在履行草业统计职责的基础上，对 2009—2018 年各盟市草业统计资料进行了整理汇编，并参照其他有关统计资料，编写了《内蒙古草业统计（2009—2018）》，供读者作为工具资料查阅。

本书内容共分七个部分。第一部分为草原保护建设情况，第二部分为多年生牧草生产情况，第三部分为饲用灌木种植情况，第四部分为一年生牧草生产情况，第五部分为牧草种子生产情况，第六部分为商品草生产情况，第七部分为草产品企业生产情况。

2009 年，农业部进一步规范了草业统计工作，形成了较为完整的统计指标，并延续使用到 2018 年。2019 年机构改革，内蒙古自治区草原工作站从原内蒙古自治区农牧业厅转隶内蒙古自治区林业和草原局，草业统计职能也相应划转，草业统计范围和指标也进行了调整。为更好地记录内蒙古自治区草业发展历程，应有关部门和草业工作者的需求，正式出版《内蒙古草业统计（2009—2018）》，数据项空白表示数据不详或无该项指标数据。由于时间间隔较长，信息量大，个别数据可能出现偏差或错误，敬请读者批评指正。

内蒙古草业统计编写组

2020 年 9 月

目 录
CONTENTS

一、草原保护建设情况

NEIMENGGU CAOYE TONGJI
(2009—2018)

表 1-1　2009—2018 年全区草原保护建设情况

单位：万亩*

年度	草原总面积	承包面积				禁牧、休牧、轮牧面积				围栏面积		改良面积		草原鼠害面积			草原虫害面积		
		合计	到户	到联户	其他形式	合计	禁牧	休牧	轮牧	当年新增	年末保留	当年新增	年末保留	危害	严重危害	防治	危害	严重危害	防治
总计		1 003 075.98	865 232.06	136 947.69	896.23	962 279.91	424 752.52	517 100.40	20 426.99	17 825.13	439 488.19	4 464.08	30 616.49	78 755.31	33 836.61	19 323.53	93 541.02	44 767.93	26 854.88
2009 年	132 000.00	87 422.30	82 481.69	4 940.61		78 114.86	28 312.41	40 724.78	9 077.67	2 808.16	41 554.87	619.26	3 983.72	12 119.80	5 573.10	2 217.84	13 317.00	6 984.67	3 010.40
2010 年	132 000.00	89 045.51	83 598.56	5 446.95		78 069.40	30 361.61	37 661.38	10 046.40	2 920.35	42 395.58	504.71	3 540.95	9 821.68	4 245.96	2 351.79	11 944.21	5 471.51	3 219.14
2011 年	132 000.00	104 056.92	87 772.37	16 284.55		101 962.01	44 280.88	56 729.13	952.00	3 467.29	43 071.98	563.11	3 510.49	9 051.20	4 015.56	1 952.02	11 215.18	5 317.93	3 154.26
2012 年	132 000.00	104 031.03	88 034.89	15 996.14		101 443.39	44 803.40	56 475.00	165.00	1 956.74	42 446.88	503.20	3 848.35	8 550.30	3 606.11	1 929.42	11 329.12	5 157.50	2 995.42
2013 年	132 000.00	104 045.27	88 034.89	15 996.14	14.23	101 453.39	44 803.40	56 480.00	170.00	1 720.77	42 237.50	702.63	3 894.60	7 522.56	3 479.08	1 814.48	9 155.24	4 070.70	2 284.57
2014 年	132 000.00	104 031.03	88 034.89	15 996.14		101 240.37	54 789.70	46 450.67		1 221.17	46 387.17	559.91	3 123.71	6 975.41	2 664.42	1 788.04	8 268.00	4 051.59	2 713.63
2015 年	132 000.00	104 031.10	88 034.93	15 996.17		101 240.37	54 789.70	46 450.67		828.62	45 934.33	636.35	3 206.15	6 478.20	2 765.50	1 750.51	6 653.82	3 162.75	2 068.68
2016 年	132 000.00	104 031.10	88 034.93	15 996.17		102 024.50	40 486.34	61 538.17		831.00	46 062.06	202.58	3 408.73	6 145.54	2 442.11	1 541.50	6 764.88	3 087.51	2 179.70
2017 年	132 000.00	102 070.98	86 614.74	15 456.24		101 165.52	40 124.10	61 041.42		1 054.82	46 261.72	104.28	1 269.86	5 901.30	2 263.07	1 705.85	7 355.72	3 562.55	2 474.52
2018 年	132 000.00	100 310.74	84 590.16	14 838.58	882.00	95 566.11	42 001.00	53 549.19	15.92	1 016.22	43 136.11	68.05	829.93	6 189.32	2 781.70	2 272.08	7 537.85	3 901.23	2 754.57

* 亩为非法定计量单位，1 亩≈666.67 米^2。——编者注

表 1-2　2009 年全区牧区、半牧区草原保护建设情况

单位：万亩

指标		承包面积				禁牧、休牧、轮牧面积				围栏面积		改良面积		草原鼠害面积			草原虫害面积		
		合计	到户	到联户	其他形式	合计	禁牧	休牧	轮牧	当年新增	年末保留	当年新增	年末保留	危害	严重危害	防治	危害	严重危害	防治
全区		87 422.30	82 481.69	4 940.61		78 114.86	28 312.41	40 724.78	9 077.67	2 808.16	41 554.87	619.26	3 983.72	12 119.80	5 573.10	2 217.84	13 317.00	6 984.67	3 010.40
牧区、半牧区	合计	83 774.63	80 803.26	2 971.37		72 644.65	23 335.86	40 231.12	9 077.67	2 714.46	40 951.39	574.10	3 751.62	11 007.90	4 988.00	1 997.94	11 984.45	6 156.10	2 448.10
	牧区	75 271.38	73 790.59	1 480.79		63 348.55	17 174.66	38 052.62	8 121.27	2 347.96	36 780.86	432.80	3 011.15	8 498.00	3 973.00	1 720.40	10 182.35	5 243.31	1 729.62
	半牧区	8 503.25	7 012.67	1 490.58		9 296.10	6 161.20	2 178.50	956.40	366.50	4 170.53	141.30	740.47	2 509.90	1 015.00	277.54	1 802.10	912.79	718.48

表 1-3　2010 年全区牧区、半牧区草原保护建设情况

单位：万亩

指标		承包面积				禁牧、休牧、轮牧面积				围栏面积		改良面积		草原鼠害面积			草原虫害面积		
		合计	到户	到联户	其他形式	合计	禁牧	休牧	轮牧	当年新增	年末保留	当年新增	年末保留	危害	严重危害	防治	危害	严重危害	防治
全区		89 045.51	83 598.56	5 446.95		78 069.40	30 361.61	37 661.38	10 046.40	2 920.35	42 395.58	504.71	3 540.95	9 821.68	4 245.96	2 351.79	11 944.21	5 471.51	3 219.14
牧区、半牧区	合计	85 373.14	81 894.93	3 478.21		72 583.49	25 678.50	36 929.58	9 975.40	2 864.75	41 853.94	459.35	3 372.79	8 822.38	3 732.30	2 110.03	10 414.96	4 800.71	2 732.80
	牧区	76 570.29	74 665.36	1 904.93		63 728.19	18 940.90	35 504.48	9 282.80	2 545.75	37 564.41	310.90	2 363.67	6 835.28	2 914.50	1 722.73	9 176.60	4 219.08	2 061.46
	半牧区	8 802.85	7 229.57	1 573.28		8 855.30	6 737.60	1 425.10	692.60	319.00	4 289.53	148.45	1 009.12	1 987.10	817.80	387.30	1 238.36	581.63	671.34

表 1-4　2011 年全区牧区、半牧区草原保护建设情况

单位：万亩

指标		承包面积				禁牧、休牧、轮牧面积				围栏面积		改良面积		草原鼠害面积			草原虫害面积		
		合计	到户	到联户	其他形式	合计	禁牧	休牧	轮牧	当年新增	年末保留	当年新增	年末保留	危害	严重危害	防治	危害	严重危害	防治
全区		104 056.92	87 772.37	16 284.55		101 962.01	44 280.88	56 729.13	952.00	3 467.29	43 071.98	563.11	3 510.49	9 051.20	4 015.56	1 952.02	11 215.18	5 317.93	3 154.26
牧区、半牧区	合计	101 377.98	86 695.87	14 682.11		100 115.32	43 508.02	55 655.30	952.00	3 389.29	42 397.62	538.40	3 338.03	8 064.00	3 484.50	1 701.83	9 831.11	4 537.84	2 556.05
	牧区	93 781.53	82 197.31	11 584.22		92 649.38	38 085.21	53 612.16	952.00	3 052.29	37 316.88	412.30	2 660.53	6 586.30	2 873.20	1 430.68	8 505.92	3 887.83	1 877.10
	半牧区	7 596.45	4 498.56	3 097.89		7 465.95	5 422.81	2 043.14		337.00	5 080.74	126.10	677.50	1 477.70	611.30	271.15	1 325.19	650.01	678.95

表 1-5　2012 年全区牧区、半牧区草原保护建设情况

单位：万亩

指标		承包面积				禁牧、休牧、轮牧面积				围栏面积		改良面积		草原鼠害面积			草原虫害面积		
		合计	到户	到联户	其他形式	合计	禁牧	休牧	轮牧	当年新增	年末保留	当年新增	年末保留	危害	严重危害	防治	危害	严重危害	防治
全区		104 031.03	88 034.89	15 996.14		101 443.40	44 803.40	56 475.00	165.00	1 956.74	42 446.88	503.20	3 848.35	8 550.30	3 606.11	1 929.42	11 329.12	5 157.50	2 995.42
牧区、半牧区	合计	101 222.80	86 200.96	15 021.84		99 507.77	44 053.60	55 289.17	165.00	1 909.70	41 806.18	480.90	3 646.85	7 635.70	3 089.36	1 676.41	10 188.32	4 511.30	2 349.30
	牧区	93 383.13	81 768.50	11 614.63		92 042.36	38 621.33	53 256.03	165.00	1 654.70	37 121.63	401.90	2 891.05	6 233.00	2 531.76	1 405.26	8 702.62	3 863.55	1 742.31
	半牧区	7 839.67	4 432.46	3 407.21		7 465.41	5 432.27	2 033.14		255.00	4 684.55	79.00	755.80	1 402.70	557.60	271.15	1 485.70	647.75	606.99

表 1-6　2013 年全区牧区、半牧区草原保护建设情况

单位：万亩

指标		承包面积				禁牧、休牧、轮牧面积				围栏面积		改良面积		草原鼠害面积			草原虫害面积		
		合计	到户	到联户	其他形式	合计	禁牧	休牧	轮牧	当年新增	年末保留	当年新增	年末保留	危害	严重危害	防治	危害	严重危害	防治
全区		104 045.27	88 034.89	15 996.14	14.23	101 453.39	44 803.40	56 480.00	170.00	1 720.77	42 237.50	702.63	3 894.60	7 522.56	3 479.08	1 814.48	9 155.24	4 070.70	2 284.57
牧区、半牧区	合计	101 222.80	86 200.96	15 021.84		99 517.76	44 053.60	55 294.70	170.00	1 703.48	41 512.35	651.18	3 666.70	6 726.06	3 021.48	1 634.98	8 106.50	3 474.77	1 783.28
	牧区	93 383.13	81 768.50	11 614.63		92 052.36	38 621.33	53 261.03	170.00	1 591.98	36 811.30	538.68	2 865.55	5 741.76	2 526.28	1 371.48	7 045.08	2 972.20	1 275.52
	半牧区	7 839.67	4 432.46	3 407.21		7 465.41	5 432.27	2 033.14		111.50	4 701.05	112.50	801.15	984.30	495.20	263.50	1 061.42	502.57	507.76

表 1-7　2014 年全区牧区、半牧区草原保护建设情况

单位：万亩

指标		承包面积				禁牧、休牧、轮牧面积				围栏面积		改良面积		草原鼠害面积			草原虫害面积		
		合计	到户	到联户	其他形式	合计	禁牧	休牧	轮牧	当年新增	年末保留	当年新增	年末保留	危害	严重危害	防治	危害	严重危害	防治
全区		104 031.03	88 034.89	15 996.14		101 240.37	54 789.70	46 450.67		1 221.17	46 387.17	559.91	3 123.71	6 975.41	2 664.42	1 788.04	8 268.00	4 051.59	2 713.63
牧区、半牧区	合计	101 222.80	86 200.96	15 021.84		99 384.74	54 119.90	45 264.84		1 214.47	45 662.12	512.80	2 883.60	6 334.90	2 364.10	1 568.88	7 521.26	3 664.15	2 353.54
	牧区	93 383.13	81 768.50	11 614.63		91 919.33	48 687.63	43 231.70		1 180.47	40 877.07	380.80	2 498.60	5 374.00	1 903.00	1 342.99	6 435.66	3 088.80	1 886.49
	半牧区	7 839.67	4 432.46	3 407.21		7 465.41	5 432.27	2 033.14		34.00	4 785.05	132.00	385.00	960.90	461.10	225.89	1 085.60	575.35	467.05

表 1-8　2015 年全区牧区、半牧区草原保护建设情况

单位：万亩

指标		承包面积				禁牧、休牧、轮牧面积				围栏面积		改良面积		草原鼠害面积			草原虫害面积		
		合计	到户	到联户	其他形式	合计	禁牧	休牧	轮牧	当年新增	年末保留	当年新增	年末保留	危害	严重危害	防治	危害	严重危害	防治
全区		104 031.10	88 034.93	15 996.17		101 240.37	54 789.70	46 450.67		828.62	45 934.33	636.35	3 206.15	6 478.20	2 765.50	1 750.51	6 653.82	3 162.75	2 068.68
牧区、半牧区	合计	101 222.87	86 201.00	15 021.87		99 384.74	54 119.90	45 264.84		804.79	45 303.52	620.30	2 996.20	5 885.70	2 463.80	1 542.47	5 736.26	2 660.81	1 641.70
	牧区	93 383.20	81 768.54	11 614.66		91 919.33	48 687.63	43 231.70		787.21	40 633.87	489.95	2 615.20	5 096.00	2 107.00	1 366.13	4 789.83	2 151.09	1 249.83
	半牧区	7 839.67	4 432.46	3 407.21		7 465.41	5 432.27	2 033.14		17.58	4 669.65	130.35	381.00	789.70	356.80	176.34	946.43	509.72	391.87

表 1-9　2016 年全区牧区、半牧区草原保护建设情况

单位：万亩

指标		承包面积				禁牧、休牧、轮牧面积				围栏面积		改良面积		草原鼠害面积			草原虫害面积		
		合计	到户	到联户	其他形式	合计	禁牧	休牧	轮牧	当年新增	年末保留	当年新增	年末保留	危害	严重危害	防治	危害	严重危害	防治
全区		104 031.10	88 034.93	15 996.17		102 024.50	40 486.34	61 538.17		831.00	46 062.06	202.58	3 408.73	6 145.54	2 442.11	1 541.50	6 764.88	3 087.51	2 179.70
牧区、半牧区	合计	101 222.87	86 201.00	15 021.87		99 698.64	39 413.06	60 285.58		808.80	45 594.75	199.08	3 195.28	5 572.80	2 199.80	1 384.80	5 962.83	2 686.11	1 855.90
	牧区	93 383.20	81 768.54	11 614.66		92 360.09	33 916.65	58 443.44		781.00	41 122.30	196.08	2 811.28	4 674.90	1 870.90	1 177.20	4 989.85	2 121.92	1 484.30
	半牧区	7 839.67	4 432.46	3 407.21		7 338.55	5 496.41	1 842.14		27.80	4 472.45	3.00	384.00	897.90	328.90	207.60	972.98	564.19	371.60

表 1－10　2017 年全区牧区、半牧区草原保护建设情况

单位：万亩

指标		承包面积				禁牧、休牧、轮牧面积				围栏面积		改良面积		草原鼠害面积			草原虫害面积		
		合计	到户	到联户	其他形式	合计	禁牧	休牧	轮牧	当年新增	年末保留	当年新增	年末保留	危害	严重危害	防治	危害	严重危害	防治
全区		102 070.98	86 614.74	15 456.24		101 165.52	40 124.10	61 041.42		1 054.82	46 261.72	104.28	1 269.86	5 901.30	2 263.07	1 705.85	7 355.72	3 562.55	2 474.52
牧区、半牧区	合计	99 569.99	84 758.85	14 811.13		98 798.40	38 969.94	59 828.46		1 029.52	45 793.06	89.10	1 163.03	5 282.39	2 005.63	1 537.45	6 558.57	3 172.81	2 152.79
	牧区	92 327.45	80 767.23	11 560.21		91 903.03	33 916.71	57 986.32		985.52	41 322.61	87.10	1 120.03	4 536.09	1 709.83	1 336.00	5 348.07	2 592.55	1 697.10
	半牧区	7 242.54	3 991.62	3 250.92		6 895.37	5 053.23	1 842.14		44.00	4 470.45	2.00	43.00	746.30	295.80	201.45	1 210.50	580.26	455.69

表 1－11　2018 年全区牧区、半牧区草原保护建设情况

单位：万亩

指标		承包面积				禁牧、休牧、轮牧面积				围栏面积		改良面积		草原鼠害面积			草原虫害面积		
		合计	到户	到联户	其他形式	合计	禁牧	休牧	轮牧	当年新增	年末保留	当年新增	年末保留	危害	严重危害	防治	危害	严重危害	防治
全区		100 310.74	84 590.16	14 838.58	882.00	95 566.11	42 001.00	53 549.19	15.92	1 016.22	43 136.11	68.05	829.93	6 189.32	2 781.70	2 272.08	7 537.85	3 901.23	2 754.57
牧区、半牧区	合计	98 475.71	83 025.54	14 568.17	882.00	92 387.86	39 239.18	53 148.68		1 011.22	42 767.51	66.55	769.25	5 577.02	2 480.24	2 085.72	6 881.87	3 591.40	2 496.27
	牧区	91 307.57	78 908.90	11 516.67	882.00	85 392.88	33 759.70	51 633.18		979.39	38 740.43	65.45	748.95	4 814.78	2 204.13	1 851.20	5 937.19	3 091.48	2 036.30
	半牧区	7 168.15	4 116.65	3 051.50		6 994.98	5 479.49	1 515.49		31.84	4 027.09	1.10	20.30	762.24	276.11	234.52	944.68	499.92	459.97

表 1－12　2009 年各盟市草原保护建设情况

单位：万亩

盟市	承包面积				禁牧、休牧、轮牧面积				围栏面积		改良面积		草原鼠害面积			草原虫害面积		
	合计	到户	到联户	其他形式	合计	禁牧	休牧	轮牧	当年新增	年末保留	当年新增	年末保留	危害	严重危害	防治	危害	严重危害	防治
全区	87 422.30	82 481.69	4 940.61		78 114.86	28 312.41	40 724.78	9 077.67	2 808.16	41 554.87	619.26	3 983.72	12 119.80	5 573.10	2 217.84	13 317.00	6 984.67	3 010.40
阿拉善盟	17 379.97	17 379.97			3 001.00	2 703.45	241.65	55.90	420.00	3 378.79	54.00	285.00	1 810.00	720.00	92.50	2 519.00	789.00	154.70
巴彦淖尔市	6 097.75	5 825.10	272.65		2 394.30	1 820.00	554.30	20.00	310.00	2 962.00	110.00	637.00	750.00	410.00	140.00	453.00	276.00	111.00
包头市	2 070.56	2 050.86	19.70		2 992.95	2 992.95			26.00	807.23	11.16	52.90	157.50	62.80	128.00	659.50	438.50	254.40
赤峰市	6 241.29	5 208.64	1 032.65		8 484.06	5 234.79	3 197.87	51.40	110.00	2 210.75	72.00	587.70	800.00	430.00	293.50	1 345.00	700.37	211.90
鄂尔多斯市	9 217.00	8 748.00	469.00		12 181.20	3 810.40	5 005.90	3 364.90	500.00	6 005.00	3.00	35.00	1 138.80	487.60	208.00	461.00	247.20	51.30
呼和浩特市	668.00		668.00		1 126.50	1 126.50			2.00	28.92	7.40	58.50	185.40	88.30	18.10	319.50	186.80	82.30
呼伦贝尔市	9 176.50	8 494.80	681.70		5 223.10	575.40	4 460.70	187.00	529.20	4 101.74	104.50	607.45	2 613.10	1 502.40	345.54	1 020.00	540.00	302.00
通辽市	4 650.00	4 497.37	152.63		4 763.42	1 937.90	2 815.52	10.00	326.00	3 079.90	108.00	730.00	800.00	412.00	143.00	1 456.40	593.10	175.30
乌海市					207.27	207.27			1.80	8.02	1.10	7.65	47.00	38.00	30.00	53.00	33.00	33.50
乌兰察布市	4 464.98	3 398.20	1 066.78		3 554.31	1 978.31		1 576.00	25.50	606.17	58.00	361.50	392.00	203.00	210.00	1 943.10	1 712.10	688.20
锡林郭勒盟	25 379.45	25 379.45			29 976.55	3 858.04	23 045.04	3 073.47	332.96	16 897.85	20.10	464.82	1 344.00	586.00	539.20	1 595.50	847.60	460.90
兴安盟	2 076.80	1 499.30	577.50		4 210.20	2 067.40	1 403.80	739.00	224.70	1 468.50	70.00	156.20	2 082.00	633.00	70.00	1 492.00	621.00	484.90

表 1-13　2010 年各盟市草原保护建设情况

单位：万亩

盟市	承包面积				禁牧、休牧、轮牧面积				围栏面积		改良面积		草原鼠害面积			草原虫害面积		
	合计	到户	到联户	其他形式	合计	禁牧	休牧	轮牧	当年新增	年末保留	当年新增	年末保留	危害	严重危害	防治	危害	严重危害	防治
全区	89 045.51	83 598.56	5 446.95		78 069.40	30 361.61	37 661.38	10 046.40	2 920.35	42 395.58	504.71	3 540.95	9 821.68	4 245.96	2 351.79	11 944.21	5 471.51	3 219.14
阿拉善盟	17 379.97	17 379.97			2 807.00	2 465.00	292.00	50.00	685.00	3 588.79	36.30	59.30	1 970.00	458.00	308.10	3 475.50	1 524.00	225.93
巴彦淖尔市	6 076.35	5 803.70	272.65		2 585.00	2 180.00	405.00		320.00	3 182.00	110.00	727.00	804.00	415.00	222.30	566.00	288.00	178.40
包头市	2 070.56	2 050.86	19.70		2 992.57	2 992.57			21.00	807.01	2.06	4.46	159.00	102.06	140.06	357.80	201.00	223.30
赤峰市	6 719.57	6 192.98	526.59		8 277.98	5 167.91	3 095.06	15.00	107.00	2 220.55	100.00	606.00	1 093.30	554.30	306.10	1 215.21	582.13	302.07
鄂尔多斯市	9 278.00	8 748.00	530.00		11 665.01	3 810.40	5 005.91	2 848.70	490.00	6 304.00	6.50	38.00	492.38	241.90	172.80	221.30	122.08	77.30
呼和浩特市	668.00		668.00		1 126.50	1 126.50			41.00	56.92	13.95	14.95	129.00	63.50		451.20	95.00	27.25
呼伦贝尔市	9 176.50	8 507.10	669.40		5 237.00	575.00	4 480.00	182.00	502.00	4 171.94	72.65	418.15	1 190.00	652.00	168.73	1 134.00	664.00	318.60
通辽市	4 650.00	4 497.37	152.63		4 847.90	3 165.20	1 682.70		270.00	3 150.00	10.00	837.50	781.00	409.20	138.20	748.90	369.80	194.60
乌海市					207.27	207.27			1.00	3.20	2.00	4.50	34.00	26.00	26.00	55.00	38.50	42.00
乌兰察布市	4 556.68	2 409.70	2 146.98		2 296.92	2 296.92			46.60	651.77	64.30	396.20	297.00	166.00	201.00	1 101.30	579.00	609.14
锡林郭勒盟	25 484.58	25 484.58			32 043.95	4 565.64	21 321.21	6 157.10	216.75	16 570.90	14.95	229.89	1 270.00	663.00	516.50	1 711.00	675.00	611.40
兴安盟	2 985.30	2 524.30	461.00		3 982.30	1 809.20	1 379.50	793.60	220.00	1 688.50	72.00	205.00	1 602.00	495.00	152.00	907.00	333.00	409.15

表 1-14 2011 年各盟市草原保护建设情况

单位：万亩

盟市	承包面积				禁牧、休牧、轮牧面积				围栏面积		改良面积		草原鼠害面积			草原虫害面积		
	合计	到户	到联户	其他形式	合计	禁牧	休牧	轮牧	当年新增	年末保留	当年新增	年末保留	危害	严重危害	防治	危害	严重危害	防治
全区	104 056.92	87 772.37	16 284.55		101 962.01	44 280.88	56 729.13	952.00	3 467.29	43 071.98	563.11	3 510.49	9 051.20	4 015.56	1 952.02	11 215.18	5 317.93	3 154.26
阿拉善盟	26 287.05	19 081.55	7 205.50		25 623.49	11 829.35	13 764.14	30.00	785.00	4 088.79	45.30	73.30	2 053.00	530.00	192.10	3 391.50	1 301.50	226.30
巴彦淖尔市	7 518.79	6 275.54	1 243.25		7 208.77	4 633.64	2 575.13		360.00	3 642.00	150.00	877.00	910.00	500.00	153.75	564.50	210.00	164.55
包头市	2 665.29	2 370.63	294.66		2 415.29	2 415.29			5.00	803.80	1.10	3.55	158.80	97.56	96.56	435.00	255.00	248.00
赤峰市	7 757.70	6 408.77	1 348.93		6 609.06	3 475.02	3 119.04	15.00	60.50	2 281.05	52.20	675.60	990.70	491.50	233.80	837.01	430.79	238.28
鄂尔多斯市	10 250.36	8 755.69	1 494.67		10 620.71	5 301.15	4 412.56	907.00	510.00	6 959.19	1.20	36.00	547.80	239.00	118.50	255.50	89.80	39.30
呼和浩特市					60.00	60.00			21.00	77.92	10.45	25.40	183.90	77.50	10.13	205.37	116.54	26.92
呼伦贝尔市	10 289.13	8 900.35	1 388.78		10 441.35	2 933.09	7 508.26		755.00	4 855.17	207.65	521.10	1 179.00	767.00	237.88	935.00	552.00	260.46
通辽市	4 508.99	4 041.14	467.85		4 494.05	3 405.67	1 088.38		252.00	3 327.00	29.60	556.00	825.00	428.00	114.60	971.00	427.30	222.50
乌海市	64.52	64.52			64.52	64.52				7.00		5.00	26.00	19.00	8.00	26.00	18.00	18.00
乌兰察布市	3 173.32	2 058.22	1 115.10		3 584.16	2 352.65	1 231.51		5.00	656.77	41.01	437.51	324.00	213.00	235.00	1 056.30	704.00	653.90
锡林郭勒盟	28 579.12	27 797.62	781.50		27 960.64	6 149.75	21 810.89		373.79	14 084.79	14.60	280.03	1 123.00	437.00	479.70	1 525.00	740.00	634.00
兴安盟	2 962.65	2 018.34	944.31		2 879.97	1 660.75	1 219.22		340.00	2 288.50	10.00	20.00	730.00	216.00	72.00	1 013.00	473.00	422.05

表 1－15　2012 年各盟市草原保护建设情况

单位：万亩

盟市	承包面积				禁牧、休牧、轮牧面积				围栏面积		改良面积		草原鼠害面积			草原虫害面积		
	合计	到户	到联户	其他形式	合计	禁牧	休牧	轮牧	当年新增	年末保留	当年新增	年末保留	危害	严重危害	防治	危害	严重危害	防治
全区	104 031.03	88 034.89	15 996.14		101 443.39	44 803.40	56 475.00	165.00	1 956.74	42 446.88	503.20	3 848.35	8 550.30	3 606.11	1 929.42	11 329.12	5 157.50	2 995.42
阿拉善盟	26 220.32	19 255.58	6 964.74		25 623.49	11 829.35	13 764.14	30.00	192.50	3 946.80	42.50	67.50	2 246.00	703.00	268.90	3 891.50	1 556.70	257.75
巴彦淖尔市	7 167.53	5 911.36	1 256.17		7 378.77	4 683.64	2 575.13	120.00	215.00	3 387.00	70.00	757.00	520.00	245.00	128.00	613.00	240.60	152.18
包头市	2 658.82	2 382.02	276.80		2 415.29	2 415.29				803.80	1.00	5.25	131.00	81.00	40.80	404.00	255.00	255.40
赤峰市	7 693.08	6 796.07	897.01		6 687.50	3 682.64	2 989.86	15.00	33.00	2 111.45	27.40	425.10	807.70	383.05	228.08	608.12	276.80	135.73
鄂尔多斯市	10 232.22	9 016.20	1 216.02		10 068.71	5 465.39	4 603.32		330.00	6 120.00	75.90	740.20	532.60	208.06	135.65	344.50	145.10	100.10
呼和浩特市					60.00	60.00			22.00	84.02	7.40	25.40	141.00	84.00	10.00	133.50	48.30	23.59
呼伦贝尔市	10 412.76	8 805.11	1 607.65		10 433.53	2 925.27	7 508.26		515.00	5 061.24	121.00	618.45	1 250.00	520.00	232.79	791.80	425.30	273.72
通辽市	4 529.96	3 999.91	530.05		4 494.05	3 405.67	1 088.39		130.00	3 454.90	65.00	459.30	825.00	403.00	160.50	1 141.70	563.30	249.85
乌海市	49.21	49.21			49.28	49.28				7.00		5.00	13.00	8.00		35.00	18.00	19.00
乌兰察布市	3 524.80	1 814.70	1 710.10		3 584.16	2 352.65	1 231.51		26.74	683.24	40.00	477.50	525.00	236.00	197.70	1 227.00	732.40	744.80
锡林郭勒盟	28 579.12	27 797.62	781.50		27 640.64	6 273.47	21 367.17		152.50	14 498.93	43.00	247.65	749.00	355.00	417.00	1 274.00	507.00	418.80
兴安盟	2 963.21	2 207.11	756.10		3 007.97	1 660.75	1 347.22		340.00	2 288.50	10.00	20.00	810.00	380.00	110.00	865.00	389.00	364.50

表 1－16　2013 年各盟市草原保护建设情况

单位：万亩

盟市	承包面积				禁牧、休牧、轮牧面积				围栏面积		改良面积		草原鼠害面积			草原虫害面积		
	合计	到户	到联户	其他形式	合计	禁牧	休牧	轮牧	当年新增	年末保留	当年新增	年末保留	危害	严重危害	防治	危害	严重危害	防治
全区	104 045.27	88 034.89	15 996.14	14.23	101 448.39	44 803.40	56 475.00	170.00	1 720.77	42 237.50	702.63	3 894.60	7 522.56	3 479.08	1 814.48	9 155.24	4 070.70	2 284.57
阿拉善盟	26 220.32	19 255.58	6 964.74		25 623.49	11 829.35	13 744.14	50.00	425.00	3 613.29	114.00	142.00	2 242.00	849.00	271.50	3 235.00	1 438.40	292.80
巴彦淖尔市	7 167.53	5 911.36	1 256.17		7 378.77	4 683.64	2 575.13	120.00	180.00	3 567.00	108.00	865.00	278.00	79.00	40.50	275.00	122.50	89.29
包头市	2 673.06	2 382.02	276.80	14.23	2 415.29	2 415.29			3.20	807.00			121.00	66.00	190.00	381.00	246.00	187.90
赤峰市	7 693.08	6 796.07	897.01		6 692.50	3 682.64	3 009.86		34.00	1 912.35	40.40	464.90	702.96	383.48	183.20	555.32	241.27	125.06
鄂尔多斯市	10 232.22	9 016.20	1 216.02		10 068.71	5 465.39	4 603.32		350.00	5 768.00	43.90	641.10	469.60	227.00	166.00	417.80	173.60	93.20
呼和浩特市					60.00	60.00			11.86	95.88	6.45	30.85	131.00	53.40	5.00	144.44	64.33	19.49
呼伦贝尔市	10 412.76	8 805.11	1 607.65		10 433.53	2 925.27	7 508.26		415.00	5 407.04	189.00	622.95	887.00	515.00	141.52	448.00	60.00	33.91
通辽市	4 529.96	3 999.91	530.05		4 494.05	3 405.67	1 088.39		30.00	3 460.90	101.08	380.65	865.00	468.00	151.00	962.00	420.20	213.40
乌海市	49.21	49.21			49.28	49.28				7.00		5.00	15.00	10.00		29.60	19.60	9.50
乌兰察布市	3 524.80	1 814.70	1 710.10		3 584.16	2 352.65	1 231.51		108.20	744.40	53.00	439.00	592.00	190.20	174.20	1 040.00	681.50	602.10
锡林郭勒盟	28 579.12	27 797.62	781.50		27 640.64	6 273.47	21 367.17		123.51	14 531.14	6.80	250.15	609.00	323.00	386.56	1 089.08	444.80	392.12
兴安盟	2 963.21	2 207.11	756.10		3 007.97	1 660.75	1 347.22		40.00	2 323.50	40.00	53.00	610.00	315.00	105.00	578.00	158.50	225.80

表 1-17　2014 年各盟市草原保护建设情况

单位：万亩

盟市	承包面积				禁牧、休牧、轮牧面积				围栏面积		改良面积		草原鼠害面积			草原虫害面积		
	合计	到户	到联户	其他形式	合计	禁牧	休牧	轮牧	当年新增	年末保留	当年新增	年末保留	危害	严重危害	防治	危害	严重危害	防治
全区	104 031.03	88 034.89	15 996.14		101 240.37	54 789.70	46 450.67		1 221.17	46 387.17	559.91	3 123.71	6 975.41	2 664.42	1 788.04	8 268.00	4 051.59	2 713.63
阿拉善盟	26 220.32	19 255.58	6 964.74		25 635.46	21 895.65	3 739.81		465.40	4 078.69	94.60	158.20	2 087.00	492.00	303.20	2 187.20	1 052.55	295.10
巴彦淖尔市	7 167.53	5 911.36	1 256.17		7 258.77	4 683.64	2 575.13			2 963.00	2.30	646.30	176.00	54.80	42.10	189.30	86.85	74.34
包头市	2 658.82	2 382.02	276.80		2 415.29	2 415.29			13.02	820.02			70.00	25.10	25.60	359.00	236.50	179.00
赤峰市	7 693.08	6 796.07	897.01		6 672.50	3 682.64	2 989.86		51.00	1 933.35	62.50	443.40	646.70	334.10	159.50	662.66	351.20	180.33
鄂尔多斯市	10 232.22	9 016.20	1 216.02		10 068.71	5 465.39	4 603.32		19.00	5 762.00		16.00	398.00	185.00	137.60	325.70	166.80	117.20
呼和浩特市					60.00	60.00			1.00	96.88	6.41	34.36	54.71	21.52	17.30	72.34	21.54	15.02
呼伦贝尔市	10 412.76	8 805.11	1 607.65		10 433.53	2 925.27	7 508.26		480.00	5 794.04	100.00	706.95	901.30	249.70	134.70	237.80	106.30	58.60
通辽市	4 529.96	3 999.91	530.05		4 414.05	3 325.67	1 088.38		25.00	3 430.90	157.00	284.40	750.30	331.30	137.69	955.00	407.82	501.50
乌海市	49.21	49.21			49.28	49.28							12.00	9.00	3.00	21.00	12.00	11.00
乌兰察布市	3 524.80	1 814.70	1 710.10		3 584.16	2 352.65	1 231.51		71.20	815.40	72.00	511.00	188.40	78.20	130.00	1 355.80	732.50	560.53
锡林郭勒盟	28 579.12	27 797.62	781.50		27 640.64	6 273.47	21 367.17		95.55	18 329.39	25.10	270.10	1 006.00	532.70	584.55	1 222.20	576.53	503.41
兴安盟	2 963.21	2 207.11	756.10		3 007.97	1 660.75	1 347.22			2 363.50	40.00	53.00	685.00	351.00	112.80	680.00	301.00	217.60

表 1－18　2015 年各盟市草原保护建设情况

单位：万亩

盟市	承包面积				禁牧、休牧、轮牧面积				围栏面积		改良面积		草原鼠害面积			草原虫害面积		
	合计	到户	到联户	其他形式	合计	禁牧	休牧	轮牧	当年新增	年末保留	当年新增	年末保留	危害	严重危害	防治	危害	严重危害	防治
全区	104 031.10	88 034.93	15 996.17		101 240.37	54 789.70	46 450.67		828.62	45 934.33	636.35	3 206.15	6 478.20	2 765.50	1 750.51	6 653.82	3 162.75	2 068.68
阿拉善盟	26 220.32	19 255.58	6 964.74		25 635.46	21 895.65	3 739.81		420.10	4 498.79	117.00	117.20	2 030.00	618.00	284.00	2 032.00	921.00	278.80
巴彦淖尔市	7 167.60	5 911.40	1 256.20		7 258.77	4 683.64	2 575.13		5.00	2 964.00		494.00	144.00	67.00	37.00	124.60	59.06	44.72
包头市	2 658.82	2 382.02	276.80		2 415.29	2 415.29			10.50	830.52			69.00	25.00	25.00	359.00	225.50	150.50
赤峰市	7 693.08	6 796.07	897.01		6 672.50	3 682.64	2 989.86		70.25	1 590.95	70.85	228.00	521.50	278.30	165.74	496.32	246.40	155.18
鄂尔多斯市	10 232.22	9 016.20	1 216.02		10 068.71	5 465.39	4 603.32		1.70	5 763.70	47.00	47.00	366.50	153.40	123.70	413.00	197.70	126.20
呼和浩特市					60.00	60.00			2.50	97.50	2.00	15.80	57.24	9.50	9.82	81.46	9.93	7.10
呼伦贝尔市	10 412.76	8 805.11	1 607.65		10 433.53	2 925.27	7 508.26		150.05	5 936.62	88.94	831.00	807.06	320.60	145.00	318.90	147.10	128.48
通辽市	4 529.96	3 999.91	530.05		4 414.05	3 325.67	1 088.38			3 418.60	167.80	649.00	890.00	566.00	183.00	665.00	258.00	166.60
乌海市	49.21	49.21			49.28	49.28							15.00	8.00	5.00	42.50	32.00	24.50
乌兰察布市	3 524.80	1 814.70	1 710.10		3 584.16	2 352.65	1 231.51		26.00	630.90	80.00	497.00	277.50	171.00	201.50	672.60	356.11	383.50
锡林郭勒盟	28 579.12	27 797.62	781.50		27 640.64	6 273.47	21 367.17		135.69	17 878.75	12.76	277.15	660.40	325.70	408.25	713.44	361.95	357.10
兴安盟	2 963.21	2 207.11	756.10		3 007.97	1 660.75	1 347.22		6.83	2 324.00	50.00	50.00	640.00	223.00	162.50	735.00	348.00	246.00

表 1-19　2016 年各盟市草原保护建设情况

单位：万亩

盟市	承包面积				禁牧、休牧、轮牧面积				围栏面积		改良面积		草原鼠害面积			草原虫害面积		
	合计	到户	到联户	其他形式	合计	禁牧	休牧	轮牧	当年新增	年末保留	当年新增	年末保留	危害	严重危害	防治	危害	严重危害	防治
全区	104 031.10	88 034.93	15 996.17		102 024.50	40 486.34	61 538.17		831.00	46 062.06	202.58	3 408.73	6 145.54	2 442.11	1 541.50	6 764.88	3 087.51	2 179.70
阿拉善盟	26 220.32	19 255.58	6 964.74		25 635.40	10 114.10	15 521.30		355.00	4 716.79	111.20	228.40	2 100.00	715.00	264.00	1 989.00	863.00	280.90
巴彦淖尔市	7 167.60	5 911.40	1 256.20		7 763.90	4 233.00	3 530.90			2 964.00	0.26	494.26	98.00	24.00	19.00	59.00	24.60	21.50
包头市	2 658.82	2 382.02	276.80		2 630.86	2 630.86			15.30	844.52			57.60	24.48	24.48	261.00	178.00	159.50
赤峰市	7 693.08	6 796.07	897.01		7 177.50	3 780.00	3 397.50		37.80	1 592.45	21.60	249.60	540.60	284.48	127.35	411.33	144.07	124.31
鄂尔多斯市	10 232.22	9 016.20	1 216.02		9 781.41	5 352.21	4 429.20		62.00	5 749.00	27.00	74.00	312.30	126.60	85.90	395.80	222.90	180.60
呼和浩特市					60.00	60.00			1.00	95.00	1.00	16.80	73.74	8.85	9.20	120.70	27.80	25.20
呼伦贝尔市	10 412.76	8 805.11	1 607.65		10 408.00	1 712.00	8 696.00		105.00	5 347.05	32.42	863.42	862.60	328.40	188.90	365.80	185.34	173.04
通辽市	4 529.96	3 999.91	530.05		4 406.16	3 325.70	1 080.47			3 418.60		649.00	822.00	285.00	173.00	515.60	42.00	97.50
乌海市	49.21	49.21			40.57	40.57							8.20	4.50	1.20	24.00	13.50	9.00
乌兰察布市	3 524.80	1 814.70	1 710.10		3 469.70	2 352.70	1 117.00		34.70	586.20	5.50	502.50	172.50	88.80	69.00	613.90	358.20	337.30
锡林郭勒盟	28 579.12	27 797.62	781.50		27 680.00	5 224.40	22 455.60		214.70	18 423.45	1.60	278.75	487.00	300.00	408.97	1 102.75	597.10	508.35
兴安盟	2 963.21	2 207.11	756.10		2 971.00	1 660.80	1 310.20		5.50	2 325.00	2.00	52.00	611.00	252.00	170.50	906.00	431.00	262.50

表 1-20 2017 年各盟市草原保护建设情况

单位：万亩

盟市	承包面积				禁牧、休牧、轮牧面积				围栏面积		改良面积		草原鼠害面积			草原虫害面积		
	合计	到户	到联户	其他形式	合计	禁牧	休牧	轮牧	当年新增	年末保留	当年新增	年末保留	危害	严重危害	防治	危害	严重危害	防治
全区	102 070.98	86 614.74	15 456.24		101 165.52	40 124.10	61 041.42		1 054.82	46 261.72	104.28	1 269.86	5 901.30	2 263.07	1 705.85	7 355.72	3 562.55	2 474.52
阿拉善盟	26 220.32	19 255.58	6 964.74		25 635.40	10 114.10	15 521.30		579.40	4 918.96	35.00	86.04	2 076.00	681.00	251.00	2 106.00	904.00	273.40
巴彦淖尔市	7 212.30	5 950.10	1 262.20		7 763.90	4 233.00	3 530.90		5.00	2 969.00			100.00	28.00	24.60	127.00	62.00	62.94
包头市	2 517.71	2 382.02	135.68		2 663.74	2 663.74			27.25	871.77			70.80	31.30	31.30	256.00	174.00	175.00
赤峰市	7 491.49	6 796.07	695.42		7 205.17	3 828.00	3 377.17		23.55	1 279.30	8.00	82.00	534.95	205.85	152.07	426.60	201.10	126.20
鄂尔多斯市	9 680.67	8 529.72	1 150.95		9 724.83	5 307.92	4 416.91		113.00	5 822.00			325.00	134.00	153.00	465.00	206.05	164.05
呼和浩特市					60.00	60.00			5.00	100.00	1.00	4.00	84.00	19.00	8.80	105.00	10.00	18.00
呼伦贝尔市	10 362.92	8 805.11	1 557.81		10 407.67	1 712.08	8 695.59		100.02	5 384.07	43.80	484.30	821.35	274.42	174.78	364.92	215.75	136.90
通辽市	3 949.01	3 577.98	371.04		4 006.89	2 926.43	1 080.47		2.00	3 419.00	2.38	156.10	563.50	219.00	155.50	604.80	311.00	223.50
乌海市	49.21	49.21			40.57	40.57							5.80	3.80	2.80	20.00	15.10	5.48
乌兰察布市	3 546.75	1 836.65	1 710.10		3 469.70	2 352.70	1 117.00		29.68	596.13	11.50	184.50	199.70	100.60	126.50	644.70	404.75	382.65
锡林郭勒盟	28 055.99	27 511.15	544.85		27 292.80	5 224.46	22 068.34		159.92	18 566.49	0.60	270.92	528.20	347.10	470.00	1 340.70	755.80	681.40
兴安盟	2 984.61	1 921.15	1 063.46		2 894.85	1 661.10	1 233.75		10.00	2 335.00	2.00	2.00	592.00	219.00	155.50	895.00	303.00	225.00

表 1-21　2018 年各盟市草原保护建设情况

单位：万亩

盟市	承包面积				禁牧、休牧、轮牧面积				围栏面积		改良面积		草原鼠害面积			草原虫害面积		
	合计	到户	到联户	其他形式	合计	禁牧	休牧	轮牧	当年新增	年末保留	当年新增	年末保留	危害	严重危害	防治	危害	严重危害	防治
全区	100 310.74	84 590.16	14 838.58	882.00	95 566.11	42 001.00	53 549.19	15.92	1 016.22	43 136.11	68.05	829.93	6 189.32	2 781.70	2 272.08	7 537.85	3 901.23	2 754.57
阿拉善盟	25 479.14	18 995.95	6 483.19		25 635.40	10 114.10	15 521.30		565.71	4 940.90	25.00	97.60	1 772.00	712.00	271.50	2 211.00	813.00	261.20
巴彦淖尔市	7 624.12	5 969.25	1 654.87		3 731.32	3 501.68	229.64			2 485.00			73.50	17.00	22.00	87.35	52.52	51.84
包头市	2 585.80	2 476.91	108.89		3 820.68	3 820.68			16.00	875.77			40.90	25.00	25.00	213.00	155.00	155.00
赤峰市	7 493.48	6 888.07	605.41		7 205.17	3 828.00	3 377.17		20.50	1 291.80	8.00	78.00	534.29	218.99	183.20	548.88	254.37	150.82
鄂尔多斯市	9 680.67	8 529.72	1 150.95		9 724.83	5 307.92	4 416.91		153.00	5 960.00	4.00		310.00	146.00	140.00	375.85	176.85	158.95
呼和浩特市					60.00	60.00				100.00		5.00	64.00	13.50	5.00	107.25	6.30	16.05
呼伦贝尔市	10 120.85	8 750.28	1 370.57		9 707.67	1 890.65	7 801.10	15.92	100.00	5 471.07	19.50	234.30	742.63	353.90	238.90	412.05	184.35	119.50
通辽市	3 949.01	3 079.60	869.41		4 329.72	4 329.72			5.34	3 419.34			570.50	229.30	124.50	344.50	230.40	217.50
乌海市	44.75	44.75			39.27	39.27							6.50	5.26	5.26	14.00	8.10	4.90
乌兰察布市	3 562.35	1 836.65	1 725.70		3 670.50	2 553.50	1 117.00		12.00	596.93	9.50	185.70	207.00	107.05	88.82	582.00	340.50	368.70
锡林郭勒盟	26 756.17	25 220.61	653.55	882.00	24 242.16	4 410.01	19 832.15		138.68	15 310.31	0.05	229.33	1 165.00	731.70	965.90	1 921.37	1 403.34	1 038.71
兴安盟	3 014.42	2 798.36	216.06		3 399.38	2 145.47	1 253.91		5.00	2 685.00	2.00		703.00	222.00	202.00	720.60	276.50	211.40

二、多年生牧草生产情况

NEIMENGGU CAOYE TONGJI
(2009—2018)

表 2-1　2009—2018 年全区多年生牧草生产情况

年度	人工种草			改良种草		飞播种草		合计种草	
	当年面积/万亩	保留面积/万亩	总产量/吨	当年面积/万亩	保留面积/万亩	当年面积/万亩	保留面积/万亩	当年面积/万亩	保留面积/万亩
总计	2 881.65	11 578.18	32 385 540.05	835.78	2 101.78	84.30	580.67	3 801.72	14 260.63
2009 年	381.64	1 443.22	3 853 367.63	245.10	517.81	24.00	121.88	650.74	2 082.91
2010 年	408.24	1 494.11	4 926 796.05	123.45	399.69	12.00	100.40	543.69	1 994.20
2011 年	276.11	1 064.89	2 966 293.15	18.41	227.64	6.00	139.50	300.52	1 432.03
2012 年	388.13	1 195.09	3 212 314.50	29.20	123.52	5.50	97.50	422.83	1 416.11
2013 年	349.51	1 174.71	3 347 623.13	100.60	180.50	4.00	23.94	454.11	1 379.15
2014 年	319.17	1 239.95	3 031 696.50	104.03	266.73	9.80	26.75	433.00	1 533.43
2015 年	277.06	1 193.05	3 028 876.15	23.61	143.14	1.20	17.70	301.87	1 353.89
2016 年	201.00	942.25	2 839 016.78	70.22	82.39	20.30	31.00	291.52	1 055.64
2017 年	167.21	940.96	2 539 926.10	88.18	100.48	1.00	11.50	256.39	1 052.94
2018 年	113.59	889.95	2 639 630.06	32.98	59.88	0.50	10.50	147.07	960.33

表 2-2　2009—2018 年各盟市多年生牧草生产情况

年度	盟市	人工种草			改良种草		飞播种草		合计种草	
		当年面积/万亩	保留面积/万亩	总产量/吨	当年面积/万亩	保留面积/万亩	当年面积/万亩	保留面积/万亩	当年面积/万亩	保留面积/万亩
总计		2 881.65	11 578.18	32 385 540.05	835.78	2 101.78	84.30	580.67	3 801.72	14 260.63
2009 年	全区	381.64	1 443.22	3 853 367.63	245.10	517.81	24.00	121.88	650.74	2 082.91
	阿拉善盟		0.68	4 245.00						0.68
	巴彦淖尔市	3.60	10.00	100 000.00					3.60	10.00
	包头市	11.32	35.84	153 805.00	21.93	22.63			33.25	58.47
	赤峰市	27.00	229.83	350 049.00	2.30	2.30		92.00	29.30	324.13
	鄂尔多斯市	35.80	283.90	1 120 436.00	19.90	52.35	7.00	7.00	62.70	343.25
	呼和浩特市	22.20	113.80	277 990.00	3.26	7.56			25.46	121.36
	呼伦贝尔市	59.54	223.94	459 136.25	50.00	50.00	12.00	12.00	121.54	285.94
	通辽市	75.60	92.02	479 178.00	83.00	187.41	5.00	5.00	163.60	284.43
	乌海市	1.16	1.69	8 150.00					1.16	1.69
	乌兰察布市	77.40	292.70	548 675.00	21.00	58.90		2.50	98.40	354.10
	锡林郭勒盟	4.56	30.31	39 483.78	1.21	4.16		3.38	5.77	37.84
	兴安盟	63.46	128.52	312 219.60	42.50	132.50			105.96	261.02
2010 年	全区	408.24	1 494.11	4 926 796.05	123.45	399.69	12.00	100.40	543.69	1 994.20
	阿拉善盟		0.68	4 245.00						0.68
	巴彦淖尔市	35.00	44.50	332 000.00					35.00	44.50
	包头市	11.28	35.70	222 090.00	1.30	1.45	2.00	2.00	14.58	39.15
	赤峰市	35.48	238.21	323 139.00		1.20	10.00	77.00	45.48	316.41
	鄂尔多斯市	51.72	292.25	1 518 655.00	16.80	36.75		6.40	68.52	335.40

（续）

年度	盟市	人工种草			改良种草		飞播种草		合计种草	
		当年面积/万亩	保留面积/万亩	总产量/吨	当年面积/万亩	保留面积/万亩	当年面积/万亩	保留面积/万亩	当年面积/万亩	保留面积/万亩
2010年	呼和浩特市	20.29	116.82	776 410.00					20.29	116.82
	呼伦贝尔市	44.65	196.16	391 165.75	20.00	50.00		10.00	64.65	256.16
	通辽市	75.40	102.71	570 154.00	14.00	112.70			89.40	215.41
	乌海市		0.80	3 072.00						0.80
	乌兰察布市	108.60	352.20	592 655.00	27.80	76.10		2.50	136.40	430.80
	锡林郭勒盟	2.68	26.37	20 310.30	2.55	6.49		2.50	5.23	35.36
	兴安盟	23.14	87.71	172 900.00	41.00	115.00			64.14	202.71
2011年	全区	276.11	1 064.89	2 966 293.15	18.41	227.64	6.00	139.50	300.52	1 432.03
	阿拉善盟	2.14	2.61	14 880.00					2.14	2.61
	巴彦淖尔市	3.12	5.95	42 140.00					3.12	5.95
	包头市	3.56	20.08	59 457.15		0.20			3.56	20.28
	赤峰市	59.30	197.94	442 925.50		74.60	6.00	120.50	65.30	393.04
	鄂尔多斯市	36.57	207.76	936 563.76	1.56	23.20		3.00	38.13	233.96
	呼和浩特市	20.74	82.16	373 610.40					20.74	82.16
	呼伦贝尔市	34.89	170.28	283 128.42	10.05	50.05			44.94	220.33
	通辽市	24.84	54.90	150 703.00		8.00			24.84	62.90
	乌海市	1.27	1.27	3 340.00					1.27	1.27
	乌兰察布市	51.65	229.16	464 657.82	6.00	61.00		2.50	57.65	292.66
	锡林郭勒盟	12.83	32.14	35 775.00	0.80	6.55		7.50	13.63	46.19
	兴安盟	25.20	60.63	159 112.10		4.04		6.00	25.20	70.67
2012年	全区	388.13	1 195.09	3 212 314.50	29.20	123.52	5.50	97.50	422.83	1 416.11
	阿拉善盟	2.11	2.38	11 904.00					2.11	2.38

（续）

年度	盟市	人工种草			改良种草		飞播种草		合计种草	
		当年面积/万亩	保留面积/万亩	总产量/吨	当年面积/万亩	保留面积/万亩	当年面积/万亩	保留面积/万亩	当年面积/万亩	保留面积/万亩
2012年	巴彦淖尔市	9.31	15.05	97 650.00					9.31	15.05
	包头市	13.15	42.40	142 340.00		0.20			13.15	42.60
	赤峰市	67.01	234.65	568 565.00		19.50	5.50	94.00	72.51	348.15
	鄂尔多斯市	62.14	217.33	826 466.60	5.00	9.30		3.00	67.14	229.63
	呼和浩特市	25.26	82.91	342 220.00					25.26	82.91
	呼伦贝尔市	33.51	167.63	290 778.90					33.51	167.63
	通辽市	27.05	51.94	140 857.20	10.00	20.00			37.05	71.94
	乌海市	0.90	1.28	3 060.00					0.90	1.28
	乌兰察布市	94.40	287.61	568 770.00	13.00	72.00			107.40	359.61
	锡林郭勒盟	23.29	33.91	38 802.80	1.20	2.52		0.50	24.49	36.93
	兴安盟	30.00	58.00	180 900.00					30.00	58.00
2013年	全区	349.51	1 174.71	3 347 623.13	100.60	180.50	4.00	23.94	454.11	1 379.15
	阿拉善盟	2.41	3.19	10 960.00					2.41	3.19
	巴彦淖尔市	4.60	6.68	45 374.00					4.60	6.68
	包头市	8.99	9.29						8.99	9.29
	赤峰市	60.14	341.98	927 065.00	1.00	14.20	4.00	16.00	65.14	372.18
	鄂尔多斯市	47.01	141.89	584 787.70		2.80			47.01	144.69
	呼和浩特市	53.81	79.59	421 840.00					53.81	79.59
	呼伦贝尔市	33.36	148.26	268 368.50					33.36	148.26
	通辽市	20.57	45.07	214 064.00	45.00	45.00			65.57	90.07
	乌海市	0.05	0.38	860.00					0.05	0.38
	乌兰察布市	80.00	311.90	691 977.00	14.00	75.30			94.00	387.20

（续）

年度	盟市	人工种草			改良种草		飞播种草		合计种草	
		当年面积/万亩	保留面积/万亩	总产量/吨	当年面积/万亩	保留面积/万亩	当年面积/万亩	保留面积/万亩	当年面积/万亩	保留面积/万亩
2013 年	锡林郭勒盟	13.15	56.59	110 851.93	0.60	3.20		0.50	13.75	60.29
	兴安盟	25.42	29.88	71 475.00	40.00	40.00		7.44	65.42	77.32
2014 年	全区	319.17	1 239.95	3 031 696.50	104.03	266.73	9.80	26.75	433.00	1 533.43
	阿拉善盟	1.76	3.59	2 482.00	5.20	10.20	5.00	5.00	11.96	18.79
	巴彦淖尔市	2.82	11.81	47 718.00			1.80	1.80	4.62	13.61
	包头市	10.44	19.72	44 067.00					10.44	19.72
	赤峰市	59.31	299.41	662 458.00	12.00	79.70	1.00	14.00	72.31	393.11
	鄂尔多斯市	38.07	153.79	632 946.00		3.30	2.00	2.00	40.07	159.09
	呼和浩特市	31.18	69.97	177 760.00					31.18	69.97
	呼伦贝尔市	19.06	134.14	252 128.00	30.53	30.53			49.59	164.67
	通辽市	50.43	72.18	264 007.00	2.00	3.00			52.43	75.18
	乌海市	0.10	0.10						0.10	0.10
	乌兰察布市	81.50	392.40	793 109.60	8.00	80.30			89.50	472.70
	锡林郭勒盟	6.49	43.47	64 857.40	6.30	9.70		0.50	12.79	53.67
	兴安盟	18.01	39.37	90 163.50	40.00	50.00		3.45	58.01	92.82
2015 年	全区	277.06	1 193.05	3 028 876.15	23.61	143.14	1.20	17.70	301.87	1 353.89
	阿拉善盟	1.28	1.55	9 956.00					1.28	1.55
	巴彦淖尔市	1.68	11.95	61 251.20					1.68	11.95
	包头市	6.48	25.88	11 673.00					6.48	25.88
	赤峰市	53.52	263.04	750 554.80	2.40	2.40	1.20	15.20	57.12	280.64
	鄂尔多斯市	26.30	147.86	608 305.00	4.50	6.80		2.00	30.80	156.66
	呼和浩特市	15.31	80.32	187 412.40					15.31	80.32

（续）

年度	盟市	人工种草			改良种草		飞播种草		合计种草	
		当年面积/万亩	保留面积/万亩	总产量/吨	当年面积/万亩	保留面积/万亩	当年面积/万亩	保留面积/万亩	当年面积/万亩	保留面积/万亩
2015年	呼伦贝尔市	11.68	126.67	253 777.10	2.86	8.39			14.54	135.06
	通辽市	45.70	123.96	331 234.00	2.80	5.80			48.50	129.76
	乌海市	0.10	0.10						0.10	0.10
	乌兰察布市	85.26	317.43	637 000.00	10.50	81.80			95.76	399.23
	锡林郭勒盟	15.55	52.93	52 952.65	0.55	7.95		0.50	16.10	61.38
	兴安盟	14.20	41.37	124 760.00		30.00			14.20	71.37
2016年	全区	201.00	942.25	2 839 016.78	70.22	82.39	20.30	31.00	291.52	1 055.64
	阿拉善盟	2.33	3.36	25 360.00					2.33	3.36
	巴彦淖尔市	2.09	7.42	47 259.20					2.09	7.42
	包头市	4.25	19.51	61 424.00					4.25	19.51
	赤峰市	38.04	299.95	891 164.00	4.00	4.00	0.30	11.00	42.34	314.95
	鄂尔多斯市	27.75	154.00	712 660.00					27.75	154.00
	呼和浩特市	18.78	71.42	200 800.00					18.78	71.42
	呼伦贝尔市	23.17	114.65	242 301.40	40.42	40.42	20.00	20.00	83.59	175.07
	通辽市	32.09	104.89	334 795.80					32.09	104.89
	乌海市		0.10	200.00						0.10
	乌兰察布市	41.30	81.03	165 659.00	21.50	27.00			62.80	108.03
	锡林郭勒盟	4.21	48.22	68 891.38	2.30	8.97			6.51	57.19
	兴安盟	7.00	37.72	88 502.00	2.00	2.00			9.00	39.72
2017年	全区	167.21	940.96	2 539 926.10	88.18	100.48	1.00	11.50	256.39	1 052.94
	阿拉善盟	3.80	6.20	37 290.00					3.80	6.20
	巴彦淖尔市	2.12	7.55	46 198.00					2.12	7.55

（续）

年度	盟市	人工种草			改良种草		飞播种草		合计种草	
		当年面积/万亩	保留面积/万亩	总产量/吨	当年面积/万亩	保留面积/万亩	当年面积/万亩	保留面积/万亩	当年面积/万亩	保留面积/万亩
2017年	包头市	10.00	20.90	57 550.00					10.00	20.90
	赤峰市	32.63	304.18	580 262.50	5.00	5.00		10.50	37.63	319.68
	鄂尔多斯市	20.20	152.20	743 655.00	5.00	5.00	1.00	1.00	26.20	158.20
	呼和浩特市	31.64	100.48	204 318.00					31.64	100.48
	呼伦贝尔市	17.24	117.73	244 868.00	66.98	67.38			84.22	185.11
	通辽市	16.16	60.10	281 900.00					16.16	60.10
	乌海市	0.20	0.30	1 200.00					0.20	0.30
	乌兰察布市	10.06	86.58	209 720.00	6.40	14.40			16.46	100.98
	锡林郭勒盟	4.73	44.16	49 029.60	2.80	6.70			7.53	50.86
	兴安盟	18.44	40.58	83 935.00	2.00	2.00			20.44	42.58
2018年	全区	113.59	889.95	2 639 630.06	32.98	59.88	0.50	10.50	147.07	960.33
	阿拉善盟	1.31	3.86	22 690.00					1.31	3.86
	巴彦淖尔市	2.06	7.09	40 984.00					2.06	7.09
	包头市	13.25	33.85	94 800.00					13.25	33.85
	赤峰市	21.35	293.35	827 360.00			0.50	10.50	21.85	303.85
	鄂尔多斯市	18.30	118.30	574 705.00	5.00	5.00			23.30	123.30
	呼和浩特市	10.74	73.32	138 970.00					10.74	73.32
	呼伦贝尔市	18.70	134.59	308 343.64	16.50	23.50			35.20	158.09
	通辽市	8.30	68.10	213 860.00					8.30	68.10
	乌海市	0.19	0.34	2 040.00					0.19	0.34
	乌兰察布市	5.15	72.55	237 090.50	9.50	23.50			14.65	96.05
	锡林郭勒盟	2.25	47.58	61 048.92	0.38	6.28			2.63	53.86
	兴安盟	12.00	37.02	117 738.00	1.60	1.60			13.60	38.62

表 2-3　2009—2018 年牧区、半牧区多年生牧草生产情况

年度	经济类型地区		人工种草 当年面积/万亩	人工种草 保留面积/万亩	人工种草 总产量/吨	改良种草 当年面积/万亩	改良种草 保留面积/万亩	飞播种草 当年面积/万亩	飞播种草 保留面积/万亩	合计种草 当年面积/万亩	合计种草 保留面积/万亩
2009 年	全区		381.64	1 443.22	3 853 367.63	245.10	517.81	24.00	121.88	650.74	2 082.91
	牧区、半牧区	合计	259.65	949.14	2 694 052.23	221.84	474.65	24.00	119.38	505.49	1 543.17
		牧区	143.33	521.20	1 130 650.23	142.84	296.19	23.00	118.38	309.17	935.77
		半牧区	116.32	427.94	1 563 402.00	79.00	178.46	1.00	1.00	196.32	607.40
2010 年	全区		408.24	1 494.11	4 926 796.05	123.45	399.69	12.00	100.40	543.69	1 994.20
	牧区、半牧区	合计	259.62	939.18	3 061 282.75	106.60	365.39	12.00	97.90	378.22	1 402.47
		牧区	115.03	509.04	1 338 922.75	64.80	244.44	12.00	97.90	191.83	851.38
		半牧区	144.59	430.14	1 722 360.00	41.80	120.95			186.39	551.09
2011 年	全区		276.11	1 064.89	2 966 293.15	18.41	227.64	6.00	139.50	300.52	1 432.03
	牧区、半牧区	合计	195.80	736.34	2 019 441.48	17.86	212.89	6.00	139.00	219.66	1 088.23
		牧区	123.84	460.62	1 041 882.19	16.30	185.65	6.00	133.00	146.14	779.27
		半牧区	71.97	275.72	977 559.29	1.56	27.24		6.00	73.53	308.96
2012 年	全区		388.13	1 195.09	3 212 314.50	29.20	123.52	5.50	97.50	422.83	1 416.11
	牧区、半牧区	合计	266.04	799.62	2 123 809.94	25.20	94.82	5.50	97.00	296.74	991.44
		牧区	175.77	472.05	1 188 883.14	25.20	81.52	5.50	97.00	206.47	650.57
		半牧区	90.27	327.57	934 926.80		13.30			90.27	340.87
2013 年	全区		349.51	1 174.71	3 347 623.13	100.60	180.50	4.00	23.94	454.11	1 379.15
	牧区、半牧区	合计	222.42	784.60	2 207 067.63	91.60	153.80	4.00	23.44	318.02	961.84
		牧区	135.28	492.43	1 378 552.63	43.60	103.00	4.00	16.00	182.88	611.43
		半牧区	87.13	292.17	828 515.00	48.00	50.80		7.44	135.13	350.41

（续）

年度	经济类型地区		人工种草			改良种草		飞播种草		合计种草	
			当年面积/万亩	保留面积/万亩	总产量/吨	当年面积/万亩	保留面积/万亩	当年面积/万亩	保留面积/万亩	当年面积/万亩	保留面积/万亩
2014年	全区		319.17	1 239.95	3 031 696.50	104.03	266.73	9.80	26.75	433.00	1 533.43
	牧区、半牧区	合计	213.70	813.05	2 110 077.40	102.83	256.23	9.80	26.25	326.33	1 095.53
		牧区	139.41	514.75	1 414 135.90	71.90	211.90	8.00	21.00	219.31	747.65
		半牧区	74.29	298.30	695 941.50	30.93	44.33	1.80	5.25	107.02	347.88
2015年	全区		277.06	1 193.05	3 028 876.15	23.61	143.14	1.20	17.70	301.87	1 353.89
	牧区、半牧区	合计	192.21	824.50	2 194 465.15	17.61	126.64	1.20	17.20	211.02	968.34
		牧区	131.07	532.37	1 324 281.95	7.58	84.06	1.20	17.20	139.85	633.63
		半牧区	61.15	292.12	870 183.20	10.03	42.58			71.18	334.70
2016年	全区		201.00	942.25	2 839 016.78	70.22	82.39	20.30	31.00	291.52	1 055.64
	牧区、半牧区	合计	146.56	762.08	2 383 779.88	68.72	79.39	20.30	31.00	235.58	872.47
		牧区	101.73	498.31	1 517 483.88	60.52	69.69	20.30	31.00	182.55	599.00
		半牧区	44.83	263.77	866 296.00	8.20	9.70			53.03	273.47
2017年	全区		167.21	940.96	2 539 926.10	88.18	100.48	1.00	11.50	256.39	1 052.94
	牧区、半牧区	合计	114.78	712.73	2 074 529.85	72.60	83.40	1.00	11.50	188.38	807.63
		牧区	80.97	451.83	1 266 197.85	65.60	76.20	1.00	11.50	147.57	539.53
		半牧区	33.81	260.90	808 332.00	7.00	7.20			40.81	268.10
2018年	全区		113.59	889.95	2 639 630.06	32.98	59.88	0.50	10.50	147.07	960.33
	牧区、半牧区	合计	87.21	690.96	2 200 523.26	32.98	58.38	0.50	10.50	120.69	759.84
		牧区	62.14	461.37	1 605 308.76	26.88	50.28	0.50	10.50	89.52	522.15
		半牧区	25.06	229.59	595 214.50	6.10	8.10			31.16	237.69

表 2-4　2009—2018 年全区多年生牧草分种类生产情况

年度	牧草种类	人工种草			改良种草		飞播种草		合计种草	
		当年面积/万亩	保留面积/万亩	总产量/吨	当年面积/万亩	保留面积/万亩	当年面积/万亩	保留面积/万亩	当年面积/万亩	保留面积/万亩
总计		2 881.65	11 578.18	32 385 540.05	835.78	2 101.78	84.30	580.67	3 801.72	14 260.63
2009 年	合计	381.64	1 443.22	3 853 367.63	245.10	517.81	24.00	121.88	650.74	2 082.91
	冰草	6.30	27.13	35 465.50	18.10	18.10	12.00	12.00	36.40	57.23
	菊苣	0.90	0.90	22 500.00					0.90	0.90
	老芒麦	8.99	41.96	82 872.80					8.99	41.96
	披碱草	32.73	118.41	221 002.40	39.40	39.40			72.13	157.81
	沙打旺	122.83	411.67	1 438 155.25	92.95	229.80	11.00	106.38	226.78	747.85
	无芒雀麦	3.70	22.90	46 462.00					3.70	22.90
	羊草	6.02	28.41	37 252.60	12.00	12.00	1.00	1.00	19.02	41.41
	野豌豆	0.10	0.10	280.00					0.10	0.10
	紫花苜蓿	200.07	791.75	1 969 377.08	82.64	218.50		2.50	282.71	1 012.75
2010 年	合计	408.24	1 494.11	4 926 796.05	123.45	399.69	12.00	100.40	543.69	1 994.20
	冰草	6.93	28.43	22 648.00	14.30	34.10		10.00	21.23	72.53
	菊苣	0.50	1.40	35 000.00					0.50	1.40
	老芒麦	8.90	39.18	57 850.00	2.00	2.00			10.90	41.18
	披碱草	35.29	126.09	224 130.20	16.25	34.59			51.54	160.68
	沙打旺	138.45	418.46	1 696 278.75	25.90	141.90	10.00	85.90	174.35	646.26
	无芒雀麦	6.41	21.41	44 150.00					6.41	21.41

（续）

年度	牧草种类	人工种草			改良种草		飞播种草		合计种草	
		当年面积/万亩	保留面积/万亩	总产量/吨	当年面积/万亩	保留面积/万亩	当年面积/万亩	保留面积/万亩	当年面积/万亩	保留面积/万亩
2010 年	羊草	10.80	26.96	55 402.00	2.50	4.50			13.30	31.46
	野豌豆	1.30	1.40	1 460.00					1.30	1.40
	紫花苜蓿	199.66	830.79	2 789 877.10	62.50	182.60	2.00	4.50	264.16	1 017.89
2011 年	合计	276.11	1 064.89	2 966 293.15	18.41	227.64	6.00	139.50	300.52	1 432.03
	冰草	13.96	99.03	130 686.85	9.80	33.81			23.76	132.84
	老芒麦	8.10	24.45	50 303.50	2.00	2.00			10.10	26.45
	猫尾草	1.50	5.50	16 500.00					1.50	5.50
	披碱草	24.08	96.58	162 935.07	5.05	34.39			29.13	130.97
	沙打旺	45.04	266.35	692 117.24	0.96	26.30	6.00	45.20	52.00	337.85
	无芒雀麦	0.47	4.88	7 909.10					0.47	4.88
	羊草	2.35	13.44	21 563.60		3.00		6.00	2.35	22.44
	野豌豆	1.00	2.00	680.00					1.00	2.00
	紫花苜蓿	179.61	552.67	1 883 597.79	0.60	128.14		88.30	180.21	769.11
2012 年	合计	388.13	1 195.09	3 212 314.50	29.20	123.52	5.50	97.50	422.83	1 416.11
	冰草	9.83	87.84	149 617.42	1.00	9.50			10.83	97.34
	串叶松香草	2.00	2.00						2.00	2.00
	老芒麦	10.90	21.87	30 505.00		2.00			10.90	23.87
	猫尾草	3.00	3.00	11 400.00					3.00	3.00
	披碱草	26.24	106.45	183 149.87		9.10			26.24	115.55
	沙打旺	63.20	237.77	655 636.00	16.00	43.00	5.50	97.50	84.70	378.27

（续）

年度	牧草种类	人工种草			改良种草		飞播种草		合计种草	
		当年面积/万亩	保留面积/万亩	总产量/吨	当年面积/万亩	保留面积/万亩	当年面积/万亩	保留面积/万亩	当年面积/万亩	保留面积/万亩
2012年	苇状羊茅	0.50	0.50						0.50	0.50
	无芒雀麦	1.61	6.00	8 248.00					1.61	6.00
	羊草	1.23	10.52	20 364.90		3.00			1.23	13.52
	野豌豆		2.00	680.00						2.00
	紫花苜蓿	269.62	717.15	2 152 713.31	12.20	56.92			281.82	774.07
2013年	合计	349.51	1 174.71	3 347 623.13	100.60	180.50	4.00	23.94	454.11	1 379.15
	冰草	10.48	65.81	100 971.70	0.02	8.92			10.50	74.73
	老芒麦	3.15	23.76	39 003.00		1.80			3.15	25.56
	猫尾草		0.06	300.00						0.06
	披碱草	21.76	101.99	174 623.58	0.02	5.02			21.78	107.01
	沙打旺	40.05	167.65	461 948.45	8.05	22.05	4.00	11.50	52.10	201.20
	无芒雀麦	2.52	8.87	17 255.00					2.52	8.87
	羊草	0.32	7.06	13 004.00	0.01	2.51		7.44	0.33	17.01
	野豌豆		0.30	102.00						0.30
	紫花苜蓿	271.22	799.20	2 540 415.40	92.50	140.20		5.00	363.72	944.40
2014年	合计	319.17	1 239.95	3 031 696.50	104.03	266.73	9.80	26.75	433.00	1 533.43
	冰草	6.31	53.43	73 057.00	41.40	93.22	2.00	2.00	49.71	148.65
	老芒麦	3.02	17.47	29 165.00	0.68	2.58			3.70	20.05
	猫尾草	0.47	0.47	2 350.00					0.47	0.47
	披碱草	7.34	99.63	167 750.10	1.85	8.07			9.19	107.70

（续）

年度	牧草种类	人工种草			改良种草		飞播种草		合计种草	
		当年面积/万亩	保留面积/万亩	总产量/吨	当年面积/万亩	保留面积/万亩	当年面积/万亩	保留面积/万亩	当年面积/万亩	保留面积/万亩
2014 年	沙打旺	31.34	167.29	395 096.30	0.05	17.80	1.00	14.50	32.39	199.59
	无芒雀麦	0.63	7.44	14 170.50					0.63	7.44
	羊草	0.35	5.92	10 564.00		2.51		3.45	0.35	11.88
	野豌豆		0.30	102.00						0.30
	紫花苜蓿	269.71	888.00	2 339 441.60	60.05	142.55	6.80	6.80	336.56	1 037.35
2015 年	合计	277.06	1 193.05	3 028 876.15	23.61	143.14	1.20	17.70	301.87	1 353.89
	冰草	6.05	46.01	47 109.30	1.18	13.28		2.00	7.23	61.29
	狼尾草（象草、王草）		0.50	2 500.00						0.50
	老芒麦	3.00	20.02	22 408.00	0.57	2.45			3.57	22.47
	披碱草	11.15	101.46	149 366.95	6.91	14.36			18.06	115.82
	沙打旺	19.94	86.01	249 533.20	4.85	9.95	1.20	15.70	25.99	111.66
	无芒雀麦	0.25	5.62	9 005.50					0.25	5.62
	羊草	0.59	3.84	3 533.00	0.40	2.90			0.99	6.74
	紫花苜蓿	236.08	929.58	2 545 420.20	9.70	100.20			245.78	1 029.78
2016 年	合计	201.00	942.25	2 839 016.78	70.22	82.39	20.30	31.00	291.52	1 055.64
	冰草	6.30	27.62	28 041.30	25.00	30.90	20.00	20.00	51.30	78.52
	老芒麦	0.06	11.62	10 628.00					0.06	11.62
	猫尾草		0.15	360.00						0.15
	披碱草	12.89	80.04	130 351.20	36.22	39.39			49.11	119.43
	沙打旺	10.05	53.42	174 989.40	3.50	5.70	0.30	11.00	13.85	70.12

（续）

年度	牧草种类	人工种草			改良种草		飞播种草		合计种草	
		当年面积/万亩	保留面积/万亩	总产量/吨	当年面积/万亩	保留面积/万亩	当年面积/万亩	保留面积/万亩	当年面积/万亩	保留面积/万亩
2016年	无芒雀麦	0.19	1.46	2 576.70		0.90			0.19	2.36
	羊草		0.44	558.80						0.44
	紫花苜蓿	171.50	767.51	2 491 511.38	5.50	5.50			177.00	773.01
2017年	合计	167.21	940.96	2 539 926.10	88.18	100.48	1.00	11.50	256.39	1 052.94
	冰草	0.40	17.30	13 600.80	9.00	19.50			9.40	36.80
	老芒麦		10.86	9 663.00						10.86
	猫尾草		0.15	360.00						0.15
	披碱草	7.16	82.19	133 792.35	45.18	46.58			52.34	128.77
	沙打旺	2.80	27.45	96 612.80	1.00	1.00	1.00	11.50	4.80	39.95
	无芒雀麦	0.20	1.29	1 389.80					0.20	1.29
	羊草		0.31	334.00	20.00	20.20			20.00	20.51
	紫花苜蓿	156.66	801.41	2 284 173.35	13.00	13.20			169.66	814.61
2018年	合计	113.59	889.95	2 639 630.06	32.98	59.88	0.50	10.50	147.07	960.33
	冰草	0.50	16.00	15 852.80	8.90	32.60			9.40	48.60
	老芒麦		12.76	9 469.50	0.30	0.30			0.30	13.06
	猫尾草		0.62	1 488.00						0.62
	披碱草	4.68	85.52	152 315.94	15.15	16.35			19.83	101.87
	沙打旺	2.30	23.45	85 681.15	0.40	0.40	0.50	10.50	3.20	34.35
	无芒雀麦	0.16	0.95	1 003.55					0.16	0.95
	羊草		0.33	337.60	1.83	1.83			1.83	2.16
	紫花苜蓿	105.96	750.32	2 373 481.52	6.40	8.40			112.36	758.72

表 2-5　各盟市各年度多年生牧草生产情况

盟市	年度	人工种草			改良种草		飞播种草		合计种草	
		当年面积/万亩	保留面积/万亩	总产量/吨	当年面积/万亩	保留面积/万亩	当年面积/万亩	保留面积/万亩	当年面积/万亩	保留面积/万亩
总计		2 881.65	11 578.18	32 385 540.05	835.78	2 101.78	84.30	580.67	3 801.72	14 260.63
阿拉善盟	合计	17.14	28.09	144 012.00	5.20	10.20	5.00	5.00	27.34	43.29
阿拉善盟	2009 年		0.68	4 245.00						0.68
阿拉善盟	2010 年		0.68	4 245.00						0.68
阿拉善盟	2011 年	2.14	2.61	14 880.00					2.14	2.61
阿拉善盟	2012 年	2.11	2.38	11 904.00					2.11	2.38
阿拉善盟	2013 年	2.41	3.19	10 960.00					2.41	3.19
阿拉善盟	2014 年	1.76	3.59	2 482.00	5.20	10.20	5.00	5.00	11.96	18.79
阿拉善盟	2015 年	1.28	1.55	9 956.00					1.28	1.55
阿拉善盟	2016 年	2.33	3.36	25 360.00					2.33	3.36
阿拉善盟	2017 年	3.80	6.20	37 290.00					3.80	6.20
阿拉善盟	2018 年	1.31	3.86	22 690.00					1.31	3.86
巴彦淖尔市	合计	66.39	127.99	860 574.40			1.80	1.80	68.19	129.79
巴彦淖尔市	2009 年	3.60	10.00	100 000.00					3.60	10.00
巴彦淖尔市	2010 年	35.00	44.50	332 000.00					35.00	44.50
巴彦淖尔市	2011 年	3.12	5.95	42 140.00					3.12	5.95
巴彦淖尔市	2012 年	9.31	15.05	97 650.00					9.31	15.05
巴彦淖尔市	2013 年	4.60	6.68	45 374.00					4.60	6.68
巴彦淖尔市	2014 年	2.82	11.81	47 718.00			1.80	1.80	4.62	13.61

（续）

盟市	年度	人工种草			改良种草		飞播种草		合计种草	
		当年面积/万亩	保留面积/万亩	总产量/吨	当年面积/万亩	保留面积/万亩	当年面积/万亩	保留面积/万亩	当年面积/万亩	保留面积/万亩
巴彦淖尔市	2015 年	1.68	11.95	61 251.20					1.68	11.95
	2016 年	2.09	7.42	47 259.20					2.09	7.42
	2017 年	2.12	7.55	46 198.00					2.12	7.55
	2018 年	2.06	7.09	40 984.00					2.06	7.09
包头市	合计	92.72	263.17	847 206.15	23.23	24.48	2.00	2.00	117.95	289.65
	2009 年	11.32	35.84	153 805.00	21.93	22.63			33.25	58.47
	2010 年	11.28	35.70	222 090.00	1.30	1.45	2.00	2.00	14.58	39.15
	2011 年	3.56	20.08	59 457.15		0.20			3.56	20.28
	2012 年	13.15	42.40	142 340.00		0.20			13.15	42.60
	2013 年	8.99	9.29						8.99	9.29
	2014 年	10.44	19.72	44 067.00					10.44	19.72
	2015 年	6.48	25.88	11 673.00					6.48	25.88
	2016 年	4.25	19.51	61 424.00					4.25	19.51
	2017 年	10.00	20.90	57 550.00					10.00	20.90
	2018 年	13.25	33.85	94 800.00					13.25	33.85
赤峰市	合计	453.78	2 702.54	6 323 542.80	26.70	202.90	28.50	460.70	508.98	3 366.14
	2009 年	27.00	229.83	350 049.00	2.30	2.30		92.00	29.30	324.13
	2010 年	35.48	238.21	323 139.00		1.20	10.00	77.00	45.48	316.41
	2011 年	59.30	197.94	442 925.50		74.60	6.00	120.50	65.30	393.04

（续）

盟市	年度	人工种草			改良种草		飞播种草		合计种草	
		当年面积/万亩	保留面积/万亩	总产量/吨	当年面积/万亩	保留面积/万亩	当年面积/万亩	保留面积/万亩	当年面积/万亩	保留面积/万亩
赤峰市	2012年	67.01	234.65	568 565.00		19.50	5.50	94.00	72.51	348.15
	2013年	60.14	341.98	927 065.00	1.00	14.20	4.00	16.00	65.14	372.18
	2014年	59.31	299.41	662 458.00	12.00	79.70	1.00	14.00	72.31	393.11
	2015年	53.52	263.04	750 554.80	2.40	2.40	1.20	15.20	57.12	280.64
	2016年	38.04	299.95	891 164.00	4.00	4.00	0.30	11.00	42.34	314.95
	2017年	32.63	304.18	580 262.50	5.00	5.00		10.50	37.63	319.68
	2018年	21.35	293.35	827 360.00			0.50	10.50	21.85	303.85
鄂尔多斯市	合计	363.87	1 869.27	8 259 180.06	57.76	144.50	10.00	24.40	431.63	2 038.17
	2009年	35.80	283.90	1 120 436.00	19.90	52.35	7.00	7.00	62.70	343.25
	2010年	51.72	292.25	1 518 655.00	16.80	36.75		6.40	68.52	335.40
	2011年	36.57	207.76	936 563.76	1.56	23.20		3.00	38.13	233.96
	2012年	62.14	217.33	826 466.60	5.00	9.30		3.00	67.14	229.63
	2013年	47.01	141.89	584 787.70		2.80			47.01	144.69
	2014年	38.07	153.79	632 946.00		3.30	2.00	2.00	40.07	159.09
	2015年	26.30	147.86	608 305.00	4.50	6.80		2.00	30.80	156.66
	2016年	27.75	154.00	712 660.00					27.75	154.00
	2017年	20.20	152.20	743 655.00	5.00	5.00	1.00	1.00	26.20	158.20
	2018年	18.30	118.30	574 705.00	5.00	5.00			23.30	123.30
呼和浩特市	合计	249.94	870.79	3 101 330.80	3.26	7.56			253.20	878.35

（续）

盟市	年度	人工种草			改良种草		飞播种草		合计种草	
		当年面积/万亩	保留面积/万亩	总产量/吨	当年面积/万亩	保留面积/万亩	当年面积/万亩	保留面积/万亩	当年面积/万亩	保留面积/万亩
呼和浩特市	2009年	22.20	113.80	277 990.00	3.26	7.56			25.46	121.36
	2010年	20.29	116.82	776 410.00					20.29	116.82
	2011年	20.74	82.16	373 610.40					20.74	82.16
	2012年	25.26	82.91	342 220.00					25.26	82.91
	2013年	53.81	79.59	421 840.00					53.81	79.59
	2014年	31.18	69.97	177 760.00					31.18	69.97
	2015年	15.31	80.32	187 412.40					15.31	80.32
	2016年	18.78	71.42	200 800.00					18.78	71.42
	2017年	31.64	100.48	204 318.00					31.64	100.48
	2018年	10.74	73.32	138 970.00					10.74	73.32
呼伦贝尔市	合计	295.79	1 534.04	2 993 995.96	237.34	320.27	32.00	42.00	565.13	1 896.31
	2009年	59.54	223.94	459 136.25	50.00	50.00	12.00	12.00	121.54	285.94
	2010年	44.65	196.16	391 165.75	20.00	50.00		10.00	64.65	256.16
	2011年	34.89	170.28	283 128.42	10.05	50.05			44.94	220.33
	2012年	33.51	167.63	290 778.90					33.51	167.63
	2013年	33.36	148.26	268 368.50					33.36	148.26
	2014年	19.06	134.14	252 128.00	30.53	30.53			49.59	164.67
	2015年	11.68	126.67	253 777.10	2.86	8.39			14.54	135.06
	2016年	23.17	114.65	242 301.40	40.42	40.42	20.00	20.00	83.59	175.07

（续）

盟市	年度	人工种草			改良种草		飞播种草		合计种草	
		当年面积/万亩	保留面积/万亩	总产量/吨	当年面积/万亩	保留面积/万亩	当年面积/万亩	保留面积/万亩	当年面积/万亩	保留面积/万亩
呼伦贝尔市	2017年	17.24	117.73	244 868.00	66.98	67.38			84.22	185.11
	2018年	18.70	134.59	308 343.64	16.50	23.50			35.20	158.09
通辽市	合计	376.14	775.87	2 980 753.00	156.80	381.91	5.00	5.00	537.94	1 162.78
	2009年	75.60	92.02	479 178.00	83.00	187.41	5.00	5.00	163.60	284.43
	2010年	75.40	102.71	570 154.00	14.00	112.70			89.40	215.41
	2011年	24.84	54.90	150 703.00		8.00			24.84	62.90
	2012年	27.05	51.94	140 857.20	10.00	20.00			37.05	71.94
	2013年	20.57	45.07	214 064.00	45.00	45.00			65.57	90.07
	2014年	50.43	72.18	264 007.00	2.00	3.00			52.43	75.18
	2015年	45.70	123.96	331 234.00	2.80	5.80			48.50	129.76
	2016年	32.09	104.89	334 795.80					32.09	104.89
	2017年	16.16	60.10	281 900.00					16.16	60.10
	2018年	8.30	68.10	213 860.00					8.30	68.10
乌海市	合计	3.97	6.36	21 922.00					3.97	6.36
	2009年	1.16	1.69	8 150.00					1.16	1.69
	2010年		0.80	3 072.00						0.80
	2011年	1.27	1.27	3 340.00					1.27	1.27
	2012年	0.90	1.28	3 060.00					0.90	1.28
	2013年	0.05	0.38	860.00					0.05	0.38

（续）

盟市	年度	人工种草			改良种草		飞播种草		合计种草	
		当年面积/万亩	保留面积/万亩	总产量/吨	当年面积/万亩	保留面积/万亩	当年面积/万亩	保留面积/万亩	当年面积/万亩	保留面积/万亩
乌海市	2014年	0.10	0.10						0.10	0.10
	2015年	0.10	0.10						0.10	0.10
	2016年		0.10	200.00						0.10
	2017年	0.20	0.30	1 200.00					0.20	0.30
	2018年	0.19	0.34	2 040.00					0.19	0.34
乌兰察布市	合计	635.32	2 423.56	4 909 313.92	137.70	570.30		7.50	773.02	3 001.36
	2009年	77.40	292.70	548 675.00	21.00	58.90		2.50	98.40	354.10
	2010年	108.60	352.20	592 655.00	27.80	76.10		2.50	136.40	430.80
	2011年	51.65	229.16	464 657.82	6.00	61.00		2.50	57.65	292.66
	2012年	94.40	287.61	568 770.00	13.00	72.00			107.40	359.61
	2013年	80.00	311.90	691 977.00	14.00	75.30			94.00	387.20
	2014年	81.50	392.40	793 109.60	8.00	80.30			89.50	472.70
	2015年	85.26	317.43	637 000.00	10.50	81.80			95.76	399.23
	2016年	41.30	81.03	165 659.00	21.50	27.00			62.80	108.03
	2017年	10.06	86.58	209 720.00	6.40	14.40			16.46	100.98
	2018年	5.15	72.55	237 090.50	9.50	23.50			14.65	96.05
锡林郭勒盟	合计	89.73	415.69	542 003.76	18.69	62.52		15.38	108.42	493.58
	2009年	4.56	30.31	39 483.78	1.21	4.16		3.38	5.77	37.84
	2010年	2.68	26.37	20 310.30	2.55	6.49		2.50	5.23	35.36

（续）

盟市	年度	人工种草			改良种草		飞播种草		合计种草	
		当年面积/万亩	保留面积/万亩	总产量/吨	当年面积/万亩	保留面积/万亩	当年面积/万亩	保留面积/万亩	当年面积/万亩	保留面积/万亩
锡林郭勒盟	2011 年	12.83	32.14	35 775.00	0.80	6.55		7.50	13.63	46.19
	2012 年	23.29	33.91	38 802.80	1.20	2.52		0.50	24.49	36.93
	2013 年	13.15	56.59	110 851.93	0.60	3.20		0.50	13.75	60.29
	2014 年	6.49	43.47	64 857.40	6.30	9.70		0.50	12.79	53.67
	2015 年	15.55	52.93	52 952.65	0.55	7.95		0.50	16.10	61.38
	2016 年	4.21	48.22	68 891.38	2.30	8.97			6.51	57.19
	2017 年	4.73	44.16	49 029.60	2.80	6.70			7.53	50.86
	2018 年	2.25	47.58	61 048.92	0.38	6.28			2.63	53.86
兴安盟	合计	236.86	560.81	1 401 705.20	169.10	377.14		16.89	405.96	954.84
	2009 年	63.46	128.52	312 219.60	42.50	132.50			105.96	261.02
	2010 年	23.14	87.71	172 900.00	41.00	115.00			64.14	202.71
	2011 年	25.20	60.63	159 112.10		4.04		6.00	25.20	70.67
	2012 年	30.00	58.00	180 900.00					30.00	58.00
	2013 年	25.42	29.88	71 475.00	40.00	40.00		7.44	65.42	77.32
	2014 年	18.01	39.37	90 163.50	40.00	50.00		3.45	58.01	92.82
	2015 年	14.20	41.37	124 760.00		30.00			14.20	71.37
	2016 年	7.00	37.72	88 502.00	2.00	2.00			9.00	39.72
	2017 年	18.44	40.58	83 935.00	2.00	2.00			20.44	42.58
	2018 年	12.00	37.02	117 738.00	1.60	1.60			13.60	38.62

表 2-6　2009 年各盟市多年生牧草分种类生产情况

盟市	牧草种类	人工种草			改良种草		飞播种草		合计种草	
		当年面积/万亩	保留面积/万亩	总产量/吨	当年面积/万亩	保留面积/万亩	当年面积/万亩	保留面积/万亩	当年面积/万亩	保留面积/万亩
全区		381.64	1 443.22	3 853 367.63	245.10	517.81	24.00	121.88	650.74	2 082.91
阿拉善盟	合计		0.68	4 245.00						0.68
	紫花苜蓿		0.68	4 245.00						0.68
巴彦淖尔市	合计	3.60	10.00	100 000.00					3.60	10.00
	紫花苜蓿	3.60	10.00	100 000.00					3.60	10.00
包头市	合计	11.32	35.84	153 805.00	21.93	22.63			33.25	58.47
	沙打旺	2.60	22.41	54 830.00					2.60	22.41
	紫花苜蓿	8.72	13.43	98 975.00	21.93	22.63			30.65	36.06
赤峰市	合计	27.00	229.83	350 049.00	2.30	2.30		92.00	29.30	324.13
	冰草				1.10	1.10			1.10	1.10
	披碱草				1.20	1.20			1.20	1.20
	沙打旺	8.10	24.83	49 579.00				92.00	8.10	116.83
	紫花苜蓿	18.90	205.00	300 470.00					18.90	205.00
鄂尔多斯市	合计	35.80	283.90	1 120 436.00	19.90	52.35	7.00	7.00	62.70	343.25
	老芒麦		0.80	640.00						0.80
	沙打旺	20.30	159.70	583 066.00	15.15	47.60	7.00	7.00	42.45	214.30
	紫花苜蓿	15.50	123.40	536 730.00	4.75	4.75			20.25	128.15
呼和浩特市	合计	22.20	113.80	277 990.00	3.26	7.56			25.46	121.36

（续）

盟市	牧草种类	人工种草			改良种草		飞播种草		合计种草	
		当年面积/万亩	保留面积/万亩	总产量/吨	当年面积/万亩	保留面积/万亩	当年面积/万亩	保留面积/万亩	当年面积/万亩	保留面积/万亩
呼和浩特市	沙打旺	0.05	0.55	790.00					0.05	0.55
	紫花苜蓿	22.15	113.25	277 200.00	3.26	7.56			25.41	120.81
呼伦贝尔市	合计	59.54	223.94	459 136.25	50.00	50.00	12.00	12.00	121.54	285.94
	冰草	1.90	16.30	21 280.00	15.00	15.00	12.00	12.00	28.90	43.30
	菊苣	0.90	0.90	22 500.00					0.90	0.90
	老芒麦	7.54	33.02	72 830.00					7.54	33.02
	披碱草	32.37	113.02	209 527.00	35.00	35.00			67.37	148.02
	沙打旺		0.10	71.25						0.10
	无芒雀麦	3.70	20.70	43 280.00					3.70	20.70
	羊草	4.86	20.87	29 018.00					4.86	20.87
	野豌豆	0.10	0.10	280.00					0.10	0.10
	紫花苜蓿	8.17	18.93	60 350.00					8.17	18.93
通辽市	合计	75.60	92.02	479 178.00	83.00	187.41	5.00	5.00	163.60	284.43
	沙打旺	45.88	57.78	356 439.00	59.30	146.20	4.00	4.00	109.18	207.98
	羊草				9.00	9.00	1.00	1.00	10.00	10.00
	紫花苜蓿	29.72	34.24	122 739.00	14.70	32.21			44.42	66.45
乌海市	合计	1.16	1.69	8 150.00					1.16	1.69
	披碱草	0.06	0.40	590.00					0.06	0.40
	沙打旺	0.50	0.60	2 160.00					0.50	0.60

（续）

盟市	牧草种类	人工种草			改良种草		飞播种草		合计种草	
		当年面积/万亩	保留面积/万亩	总产量/吨	当年面积/万亩	保留面积/万亩	当年面积/万亩	保留面积/万亩	当年面积/万亩	保留面积/万亩
乌海市	紫花苜蓿	0.60	0.69	5 400.00					0.60	0.69
乌兰察布市	合计	77.40	292.70	548 675.00	21.00	58.90		2.50	98.40	354.10
	冰草	2.50	5.50	8 000.00	1.00	1.00			3.50	6.50
	披碱草		4.00	10 000.00	3.00	3.00			3.00	7.00
	沙打旺	29.30	108.70	281 120.00	8.50	16.00			37.80	124.70
	无芒雀麦		2.00	3 000.00						2.00
	羊草		4.00	6 000.00	3.00	3.00			3.00	7.00
	紫花苜蓿	45.60	168.50	240 555.00	5.50	35.90		2.50	51.10	206.90
锡林郭勒盟	合计	4.56	30.31	39 483.78	1.21	4.16		3.38	5.77	37.84
	冰草	1.90	5.33	6 185.50	1.00	1.00			2.90	6.33
	老芒麦	1.45	8.14	9 402.80					1.45	8.14
	披碱草	0.30	0.99	885.40	0.20	0.20			0.50	1.19
	沙打旺	0.90	4.20	10 500.00				3.38	0.90	7.58
	无芒雀麦		0.20	182.00						0.20
	羊草		2.38	1 295.00						2.38
	紫花苜蓿	0.01	9.07	11 033.08		2.95			0.01	12.02
兴安盟	合计	63.46	128.52	312 219.60	42.50	132.50			105.96	261.02
	沙打旺	15.20	32.80	99 600.00	10.00	20.00			25.20	52.80
	羊草	1.16	1.16	939.60					1.16	1.16
	紫花苜蓿	47.10	94.56	211 680.00	32.50	112.50			79.60	207.06

表 2-7　2010 年各盟市多年生牧草分种类生产情况

盟市	牧草种类	人工种草			改良种草		飞播种草		合计种草	
		当年面积/万亩	保留面积/万亩	总产量/吨	当年面积/万亩	保留面积/万亩	当年面积/万亩	保留面积/万亩	当年面积/万亩	保留面积/万亩
全区		408.24	1 494.11	4 926 796.05	123.45	399.69	12.00	100.40	543.69	1 994.20
阿拉善盟	合计		0.68	4 245.00						0.68
	紫花苜蓿		0.68	4 245.00						0.68
巴彦淖尔市	合计	35.00	44.50	332 000.00					35.00	44.50
	紫花苜蓿	35.00	44.50	332 000.00					35.00	44.50
包头市	合计	11.28	35.70	222 090.00	1.30	1.45	2.00	2.00	14.58	39.15
	沙打旺	2.15	16.18	61 080.00					2.15	16.18
	紫花苜蓿	9.13	19.52	161 010.00	1.30	1.45	2.00	2.00	12.43	22.97
赤峰市	合计	35.48	238.21	323 139.00		1.20	10.00	77.00	45.48	316.41
	披碱草					1.20				1.20
	沙打旺	6.00	27.73	42 195.00			10.00	77.00	16.00	104.73
	紫花苜蓿	29.48	210.48	280 944.00					29.48	210.48
鄂尔多斯市	合计	51.72	292.25	1 518 655.00	16.80	36.75		6.40	68.52	335.40
	沙打旺	24.50	160.45	833 415.00	6.30	22.00		6.40	30.80	188.85
	紫花苜蓿	27.22	131.80	685 240.00	10.50	14.75			37.72	146.55
呼和浩特市	合计	20.29	116.82	776 410.00					20.29	116.82
	沙打旺		0.15	450.00						0.15
	紫花苜蓿	20.29	116.67	775 960.00					20.29	116.67

（续）

盟市	牧草种类	人工种草			改良种草		飞播种草		合计种草	
		当年面积/万亩	保留面积/万亩	总产量/吨	当年面积/万亩	保留面积/万亩	当年面积/万亩	保留面积/万亩	当年面积/万亩	保留面积/万亩
呼伦贝尔市	合计	44.65	196.16	391 165.75	20.00	50.00		10.00	64.65	256.16
	冰草	2.90	15.00	9 910.00	10.00	25.00		10.00	12.90	50.00
	菊苣	0.50	1.40	35 000.00					0.50	1.40
	老芒麦	4.85	22.55	47 525.00					4.85	22.55
	披碱草	25.79	110.39	196 248.00	10.00	25.00			35.79	135.39
	沙打旺		0.10	80.75						0.10
	无芒雀麦	2.40	17.20	37 080.00					2.40	17.20
	羊草	3.30	15.16	19 247.00					3.30	15.16
	野豌豆	0.30	0.40	1 120.00					0.30	0.40
	紫花苜蓿	4.61	13.96	44 955.00					4.61	13.96
通辽市	合计	75.40	102.71	570 154.00	14.00	112.70			89.40	215.41
	沙打旺	63.05	78.40	464 658.00	13.00	99.00			76.05	177.40
	紫花苜蓿	12.35	24.31	105 496.00	1.00	13.70			13.35	38.01
乌海市	合计		0.80	3 072.00						0.80
	披碱草		0.11	220.00						0.11
	紫花苜蓿		0.69	2 852.00						0.69
乌兰察布市	合计	108.60	352.20	592 655.00	27.80	76.10		2.50	136.40	430.80
	冰草	4.00	8.00	7 360.00	2.00	3.00			6.00	11.00
	老芒麦	2.90	2.90	2 900.00	2.00	2.00			4.90	4.90

（续）

盟市	牧草种类	人工种草			改良种草		飞播种草		合计种草	
		当年面积/万亩	保留面积/万亩	总产量/吨	当年面积/万亩	保留面积/万亩	当年面积/万亩	保留面积/万亩	当年面积/万亩	保留面积/万亩
乌兰察布市	披碱草	9.50	12.50	23 520.00	6.00	8.00			15.50	20.50
	沙打旺	38.80	127.40	284 075.00	5.60	15.90			44.40	143.30
	无芒雀麦	4.00	4.00	7 000.00					4.00	4.00
	羊草	1.50	5.50	5 900.00	2.50	4.50			4.00	10.00
	野豌豆	1.00	1.00	340.00					1.00	1.00
	紫花苜蓿	46.90	190.90	261 560.00	9.70	42.70		2.50	56.60	236.10
锡林郭勒盟	合计	2.68	26.37	20 310.30	2.55	6.49		2.50	5.23	35.36
	冰草	0.03	5.43	5 378.00	2.30	6.10			2.33	11.53
	老芒麦	1.15	13.73	7 425.00					1.15	13.73
	披碱草		3.09	4 142.20	0.25	0.39			0.25	3.48
	沙打旺	0.45	0.55	825.00				2.50	0.45	3.05
	无芒雀麦		0.20	70.00						0.20
	羊草		0.30	255.00						0.30
	紫花苜蓿	1.05	3.07	2 215.10					1.05	3.07
兴安盟	合计	23.14	87.71	172 900.00	41.00	115.00			64.14	202.71
	沙打旺	3.50	7.50	9 500.00	1.00	5.00			4.50	12.50
	无芒雀麦	0.01	0.01						0.01	0.01
	羊草	6.00	6.00	30 000.00					6.00	6.00
	紫花苜蓿	13.63	74.20	133 400.00	40.00	110.00			53.63	184.20

表2-8　2011年各盟市多年生牧草分种类生产情况

盟市	牧草种类	人工种草			改良种草		飞播种草		合计种草	
		当年面积/万亩	保留面积/万亩	总产量/吨	当年面积/万亩	保留面积/万亩	当年面积/万亩	保留面积/万亩	当年面积/万亩	保留面积/万亩
全区		276.11	1 064.89	2 966 293.15	18.41	227.64	6.00	139.50	300.52	1 432.03
阿拉善盟	合计	2.14	2.61	14 880.00					2.14	2.61
	紫花苜蓿	2.14	2.61	14 880.00					2.14	2.61
巴彦淖尔市	合计	3.12	5.95	42 140.00					3.12	5.95
	紫花苜蓿	3.12	5.95	42 140.00					3.12	5.95
包头市	合计	3.56	20.08	59 457.15		0.20			3.56	20.28
	沙打旺	0.90	2.72	8 160.00					0.90	2.72
	紫花苜蓿	2.66	17.36	51 297.15		0.20			2.66	17.56
赤峰市	合计	59.30	197.94	442 925.50		74.60	6.00	120.50	65.30	393.04
	冰草	3.00	4.10						3.00	4.10
	披碱草	1.00	1.00			2.50			1.00	3.50
	沙打旺	5.27	25.75	20 112.00			6.00	38.20	11.27	63.95
	紫花苜蓿	50.03	167.10	422 813.50		72.10		82.30	50.03	321.50
鄂尔多斯市	合计	36.57	207.76	936 563.76	1.56	23.20		3.00	38.13	233.96
	冰草		16.26	47 008.00						16.26
	沙打旺	9.86	93.90	332 703.24	0.96	10.30		3.00	10.82	107.20
	羊草		0.80	1 072.00						0.80

（续）

盟市	牧草种类	人工种草			改良种草		飞播种草		合计种草	
		当年面积/万亩	保留面积/万亩	总产量/吨	当年面积/万亩	保留面积/万亩	当年面积/万亩	保留面积/万亩	当年面积/万亩	保留面积/万亩
鄂尔多斯市	紫花苜蓿	26.72	96.81	555 780.52	0.60	12.90			27.32	109.71
呼和浩特市	合计	20.74	82.16	373 610.40					20.74	82.16
	紫花苜蓿	20.74	82.16	373 610.40					20.74	82.16
呼伦贝尔市	合计	34.89	170.28	283 128.42	10.05	50.05			44.94	220.33
	冰草	1.51	59.40	69 547.65	5.00	25.00			6.51	84.40
	老芒麦	1.88	10.04	24 729.30					1.88	10.04
	披碱草	22.00	81.11	138 767.47	5.05	25.05			27.05	106.16
	无芒雀麦	0.02	0.37	831.10					0.02	0.37
	羊草	1.15	6.64	11 166.60					1.15	6.64
	紫花苜蓿	8.34	12.72	38 086.30					8.34	12.72
通辽市	合计	24.84	54.90	150 703.00		8.00			24.84	62.90
	沙打旺	16.47	37.80	103 446.00					16.47	37.80
	紫花苜蓿	8.37	17.10	47 257.00		8.00			8.37	25.10
乌海市	合计	1.27	1.27	3 340.00					1.27	1.27
	紫花苜蓿	1.27	1.27	3 340.00					1.27	1.27
乌兰察布市	合计	51.65	229.16	464 657.82	6.00	61.00		2.50	57.65	292.66
	冰草	5.00	13.00	11 300.00	4.00	8.00			9.00	21.00
	老芒麦	1.00	1.00	2 500.00	2.00	2.00			3.00	3.00
	披碱草		11.50	22 700.00		6.60				18.10

（续）

盟市	牧草种类	人工种草			改良种草		飞播种草		合计种草	
		当年面积/万亩	保留面积/万亩	总产量/吨	当年面积/万亩	保留面积/万亩	当年面积/万亩	保留面积/万亩	当年面积/万亩	保留面积/万亩
乌兰察布市	沙打旺	12.25	102.40	218 110.00		15.70			12.25	118.10
	无芒雀麦		4.00	7 000.00						4.00
	羊草		4.00	5 200.00		3.00				7.00
	野豌豆	1.00	2.00	680.00					1.00	2.00
	紫花苜蓿	32.40	91.26	197 167.82		25.70		2.50	32.40	119.46
锡林郭勒盟	合计	12.83	32.14	35 775.00	0.80	6.55		7.50	13.63	46.19
	冰草	3.26	5.08	671.20	0.80	0.81			4.06	5.89
	老芒麦	5.22	13.40	23 074.20					5.22	13.40
	披碱草	0.79	2.66	867.60		0.24			0.79	2.90
	沙打旺	0.30	1.05	1 250.00				4.00	0.30	5.05
	无芒雀麦	0.45	0.51	78.00					0.45	0.51
	羊草	0.20	0.50						0.20	0.50
	紫花苜蓿	2.62	8.94	9 834.00		5.50		3.50	2.62	17.94
兴安盟	合计	25.20	60.63	159 112.10		4.04		6.00	25.20	70.67
	冰草	1.20	1.20	2 160.00					1.20	1.20
	猫尾草	1.50	5.50	16 500.00					1.50	5.50
	披碱草	0.30	0.30	600.00					0.30	0.30
	沙打旺		2.73	8 336.00		0.30				3.03
	羊草	1.00	1.50	4 125.00				6.00	1.00	7.50
	紫花苜蓿	21.20	49.40	127 391.10		3.74			21.20	53.14

表 2-9 2012 年各盟市多年生牧草分种类生产情况

盟市	牧草种类	人工种草			改良种草		飞播种草		合计种草	
		当年面积/万亩	保留面积/万亩	总产量/吨	当年面积/万亩	保留面积/万亩	当年面积/万亩	保留面积/万亩	当年面积/万亩	保留面积/万亩
全区		388.13	1 195.09	3 212 314.50	29.20	123.52	5.50	97.50	422.83	1 416.11
阿拉善盟	合计	2.11	2.38	11 904.00					2.11	2.38
	紫花苜蓿	2.11	2.38	11 904.00					2.11	2.38
巴彦淖尔市	合计	9.31	15.05	97 650.00					9.31	15.05
	紫花苜蓿	9.31	15.05	97 650.00					9.31	15.05
包头市	合计	13.15	42.40	142 340.00		0.20			13.15	42.60
	沙打旺	0.20	2.70	8 640.00					0.20	2.70
	紫花苜蓿	12.95	39.70	133 700.00		0.20			12.95	39.90
赤峰市	合计	67.01	234.65	568 565.00		19.50	5.50	94.00	72.51	348.15
	披碱草					2.50				2.50
	沙打旺	6.57	22.56	68 760.00			5.50	94.00	12.07	116.56
	紫花苜蓿	60.44	212.09	499 805.00		17.00			60.44	229.09
鄂尔多斯市	合计	62.14	217.33	826 466.60	5.00	9.30		3.00	67.14	229.63
	冰草	0.07	15.88	46 408.00					0.07	15.88
	沙打旺	30.37	79.21	287 580.00	5.00	8.30		3.00	35.37	90.51
	羊草	0.03	0.56	750.40					0.03	0.56
	紫花苜蓿	31.67	121.68	491 728.20		1.00			31.67	122.68

（续）

盟市	牧草种类	人工种草			改良种草		飞播种草		合计种草	
		当年面积/万亩	保留面积/万亩	总产量/吨	当年面积/万亩	保留面积/万亩	当年面积/万亩	保留面积/万亩	当年面积/万亩	保留面积/万亩
呼和浩特市	合计	25.26	82.91	342 220.00					25.26	82.91
	紫花苜蓿	25.26	82.91	342 220.00					25.26	82.91
呼伦贝尔市	合计	33.51	167.63	290 778.90					33.51	167.63
	冰草	5.70	52.51	72 533.42					5.70	52.51
	老芒麦	1.46	6.59	15 220.00					1.46	6.59
	披碱草	21.58	88.13	149 169.87					21.58	88.13
	苇状羊茅	0.50	0.50						0.50	0.50
	无芒雀麦	1.39	1.62	684.00					1.39	1.62
	羊草		3.76	7 714.50						3.76
	紫花苜蓿	2.88	14.52	45 457.11					2.88	14.52
通辽市	合计	27.05	51.94	140 857.20	10.00	20.00			37.05	71.94
	沙打旺	1.86	19.70	53 156.00	10.00	20.00			11.86	39.70
	紫花苜蓿	25.19	32.24	87 701.20					25.19	32.24
乌海市	合计	0.90	1.28	3 060.00					0.90	1.28
	紫花苜蓿	0.90	1.28	3 060.00					0.90	1.28
乌兰察布市	合计	94.40	287.61	568 770.00	13.00	72.00			107.40	359.61
	冰草		13.00	18 400.00		8.00				21.00
	老芒麦	2.00	3.00	7 500.00		2.00			2.00	5.00
	披碱草	3.00	14.50	28 200.00		6.60			3.00	21.10

（续）

盟市	牧草种类	人工种草			改良种草		飞播种草		合计种草	
		当年面积/万亩	保留面积/万亩	总产量/吨	当年面积/万亩	保留面积/万亩	当年面积/万亩	保留面积/万亩	当年面积/万亩	保留面积/万亩
乌兰察布市	沙打旺	22.00	111.40	235 580.00	1.00	14.70			23.00	126.10
	无芒雀麦		4.00	7 000.00						4.00
	羊草		4.00	6 400.00		3.00				7.00
	野豌豆		2.00	680.00						2.00
	紫花苜蓿	67.40	135.71	265 010.00	12.00	37.70			79.40	173.41
锡林郭勒盟	合计	23.29	33.91	38 802.80	1.20	2.52		0.50	24.49	36.93
	冰草	4.06	6.45	12 276.00	1.00	1.50			5.06	7.95
	串叶松香草	2.00	2.00						2.00	2.00
	老芒麦	7.44	12.28	7 785.00					7.44	12.28
	披碱草	1.66	3.81	5 780.00					1.66	3.81
	沙打旺	2.20	2.20	1 920.00				0.50	2.20	2.70
	无芒雀麦	0.22	0.38	564.00					0.22	0.38
	羊草	0.20	0.20						0.20	0.20
	紫花苜蓿	5.51	6.59	10 477.80	0.20	1.02			5.71	7.61
兴安盟	合计	30.00	58.00	180 900.00					30.00	58.00
	猫尾草	3.00	3.00	11 400.00					3.00	3.00
	羊草	1.00	2.00	5 500.00					1.00	2.00
	紫花苜蓿	26.00	53.00	164 000.00					26.00	53.00

表 2-10 2013 年各盟市多年生牧草分种类生产情况

盟市	牧草种类	人工种草			改良种草		飞播种草		合计种草	
		当年面积/万亩	保留面积/万亩	总产量/吨	当年面积/万亩	保留面积/万亩	当年面积/万亩	保留面积/万亩	当年面积/万亩	保留面积/万亩
全区		349.51	1 174.71	3 347 623.13	100.60	180.50	4.00	23.94	454.11	1 379.15
阿拉善盟	合计	2.41	3.19	10 960.00					2.41	3.19
	沙打旺			6.00						
	紫花苜蓿	2.41	3.19	10 954.00					2.41	3.19
巴彦淖尔市	合计	4.60	6.68	45 374.00					4.60	6.68
	紫花苜蓿	4.60	6.68	45 374.00					4.60	6.68
包头市	合计	8.99	9.29						8.99	9.29
	紫花苜蓿	8.99	9.29						8.99	9.29
赤峰市	合计	60.14	341.98	927 065.00	1.00	14.20	4.00	16.00	65.14	372.18
	沙打旺	4.70	15.45	41 025.00			4.00	11.00	8.70	26.45
	紫花苜蓿	55.44	326.53	886 040.00	1.00	14.20		5.00	56.44	345.73
鄂尔多斯市	合计	47.01	141.89	584 787.70		2.80			47.01	144.69
	冰草	0.07	2.80	7 361.70					0.07	2.80
	沙打旺	28.80	46.07	192 640.00		2.30			28.80	48.37
	羊草		0.20	312.00						0.20
	紫花苜蓿	18.14	92.82	384 474.00		0.50			18.14	93.32

（续）

盟市	牧草种类	人工种草			改良种草		飞播种草		合计种草	
		当年面积/万亩	保留面积/万亩	总产量/吨	当年面积/万亩	保留面积/万亩	当年面积/万亩	保留面积/万亩	当年面积/万亩	保留面积/万亩
呼和浩特市	合计	53.81	79.59	421 840.00					53.81	79.59
	紫花苜蓿	53.81	79.59	421 840.00					53.81	79.59
呼伦贝尔市	合计	33.36	148.26	268 368.50					33.36	148.26
	冰草	7.44	37.69	56 519.00					7.44	37.69
	老芒麦	1.63	5.97	12 460.00					1.63	5.97
	披碱草	14.79	81.07	140 699.50					14.79	81.07
	无芒雀麦	2.50	5.21	9 833.00					2.50	5.21
	羊草	0.30	3.01	6 030.00					0.30	3.01
	紫花苜蓿	6.70	15.31	42 827.00					6.70	15.31
通辽市	合计	20.57	45.07	214 064.00	45.00	45.00			65.57	90.07
	沙打旺		13.03	46 948.00	8.00	8.00			8.00	21.03
	紫花苜蓿	20.57	32.04	167 116.00	37.00	37.00			57.57	69.04
乌海市	合计	0.05	0.38	860.00					0.05	0.38
	紫花苜蓿	0.05	0.38	860.00					0.05	0.38
乌兰察布市	合计	80.00	311.90	691 977.00	14.00	75.30			94.00	387.20
	冰草	2.00	13.00	19 200.00		7.00			2.00	20.00
	老芒麦	1.00	2.00	3 000.00		1.80			1.00	3.80
	披碱草	3.50	13.40	21 800.00		5.00			3.50	18.40
	沙打旺	6.00	91.20	177 600.00		11.00			6.00	102.20

（续）

盟市	牧草种类	人工种草			改良种草		飞播种草		合计种草	
		当年面积/万亩	保留面积/万亩	总产量/吨	当年面积/万亩	保留面积/万亩	当年面积/万亩	保留面积/万亩	当年面积/万亩	保留面积/万亩
乌兰察布市	无芒雀麦		2.70	4 635.00						2.70
	羊草		3.00	4 800.00		2.50				5.50
	野豌豆		0.30	102.00						0.30
	紫花苜蓿	67.50	186.30	460 840.00	14.00	48.00			81.50	234.30
锡林郭勒盟	合计	13.15	56.59	110 851.93	0.60	3.20		0.50	13.75	60.29
	冰草	0.97	12.32	17 891.00	0.02	1.92			0.99	14.24
	老芒麦	0.52	15.79	23 543.00					0.52	15.79
	披碱草	3.47	7.52	12 124.08	0.02	0.02			3.49	7.54
	沙打旺	0.55	1.60	3 129.45	0.05	0.75		0.50	0.60	2.85
	无芒雀麦	0.02	0.96	2 787.00					0.02	0.96
	羊草	0.02	0.85	1 862.00	0.01	0.01			0.03	0.86
	紫花苜蓿	7.59	17.55	49 515.40	0.50	0.50			8.09	18.05
兴安盟	合计	25.42	29.88	71 475.00	40.00	40.00		7.44	65.42	77.32
	猫尾草		0.06	300.00						0.06
	沙打旺		0.30	600.00						0.30
	羊草							7.44		7.44
	紫花苜蓿	25.42	29.52	70 575.00	40.00	40.00			65.42	69.52

表 2-11　2014 年各盟市多年生牧草分种类生产情况

盟市	牧草种类	人工种草			改良种草		飞播种草		合计种草	
		当年面积/万亩	保留面积/万亩	总产量/吨	当年面积/万亩	保留面积/万亩	当年面积/万亩	保留面积/万亩	当年面积/万亩	保留面积/万亩
全区		319.17	1 239.95	3 031 696.50	104.03	266.73	9.80	26.75	433.00	1 533.43
阿拉善盟	合计	1.76	3.59	2 482.00	5.20	10.20	5.00	5.00	11.96	18.79
	沙打旺			6.00						
	紫花苜蓿	1.76	3.59	2 476.00	5.20	10.20	5.00	5.00	11.96	18.79
巴彦淖尔市	合计	2.82	11.81	47 718.00			1.80	1.80	4.62	13.61
	沙打旺		3.18	984.00						3.18
	紫花苜蓿	2.82	8.63	46 734.00			1.80	1.80	4.62	10.43
包头市	合计	10.44	19.72	44 067.00					10.44	19.72
	紫花苜蓿	10.44	19.72	44 067.00					10.44	19.72
赤峰市	合计	59.31	299.41	662 458.00	12.00	79.70	1.00	14.00	72.31	393.11
	冰草				12.00	56.00			12.00	56.00
	沙打旺	5.20	17.10	16 450.00		3.70	1.00	14.00	6.20	34.80
	紫花苜蓿	54.11	282.32	646 008.00		20.00			54.11	302.32
鄂尔多斯市	合计	38.07	153.79	632 946.00		3.30	2.00	2.00	40.07	159.09
	冰草		2.00	6 000.00			2.00	2.00	2.00	4.00
	沙打旺	19.90	47.29	194 046.00		2.30			19.90	49.59
	羊草		0.20	320.00						0.20

（续）

盟市	牧草种类	人工种草			改良种草		飞播种草		合计种草	
		当年面积/万亩	保留面积/万亩	总产量/吨	当年面积/万亩	保留面积/万亩	当年面积/万亩	保留面积/万亩	当年面积/万亩	保留面积/万亩
鄂尔多斯市	紫花苜蓿	18.18	104.30	432 580.00		1.00			18.18	105.30
呼和浩特市	合计	31.18	69.97	177 760.00					31.18	69.97
	紫花苜蓿	31.18	69.97	177 760.00					31.18	69.97
呼伦贝尔市	合计	19.06	134.14	252 128.00	30.53	30.53			49.59	164.67
	冰草	2.38	27.57	41 124.50	25.20	25.20			27.58	52.77
	老芒麦		5.58	14 860.00	0.08	0.08			0.08	5.66
	披碱草	3.46	75.10	133 579.50	1.25	1.25			4.71	76.35
	无芒雀麦	0.60	3.73	9 369.00					0.60	3.73
	羊草	0.35	2.68	5 397.50					0.35	2.68
	紫花苜蓿	12.28	19.49	47 797.50	4.00	4.00			16.28	23.49
通辽市	合计	50.43	72.18	264 007.00	2.00	3.00			52.43	75.18
	沙打旺		0.95	9 500.00						0.95
	紫花苜蓿	50.43	71.23	254 507.00	2.00	3.00			52.43	74.23
乌海市	合计	0.10	0.10						0.10	0.10
	紫花苜蓿	0.10	0.10						0.10	0.10
乌兰察布市	合计	81.50	392.40	793 109.60	8.00	80.30			89.50	472.70
	冰草	0.90	13.90	15 880.00		7.00			0.90	20.90
	老芒麦	3.00	5.00	7 500.00		1.80			3.00	6.80
	披碱草	3.56	16.96	27 840.00		5.00			3.56	21.96

（续）

盟市	牧草种类	人工种草			改良种草		飞播种草		合计种草	
		当年面积/万亩	保留面积/万亩	总产量/吨	当年面积/万亩	保留面积/万亩	当年面积/万亩	保留面积/万亩	当年面积/万亩	保留面积/万亩
乌兰察布市	沙打旺	6.21	97.41	173 727.80		11.00			6.21	108.41
	无芒雀麦		2.70	4 635.00						2.70
	羊草		3.00	4 800.00		2.50				5.50
	野豌豆		0.30	102.00						0.30
	紫花苜蓿	67.83	253.13	558 624.80	8.00	53.00			75.83	306.13
锡林郭勒盟	合计	6.49	43.47	64 857.40	6.30	9.70		0.50	12.79	53.67
	冰草	3.03	9.97	10 052.50	4.20	5.02			7.23	14.99
	老芒麦	0.02	6.89	6 805.00	0.60	0.70			0.62	7.59
	披碱草	0.32	7.57	6 330.60	0.60	1.82			0.92	9.39
	沙打旺	0.03	1.11		0.05	0.80		0.50	0.08	2.41
	无芒雀麦	0.03	1.01	166.50					0.03	1.01
	羊草		0.04	46.50		0.01				0.05
	紫花苜蓿	3.05	16.88	41 456.30	0.85	1.35			3.90	18.23
兴安盟	合计	18.01	39.37	90 163.50	40.00	50.00		3.45	58.01	92.82
	猫尾草	0.47	0.47	2 350.00					0.47	0.47
	沙打旺		0.26	382.50						0.26
	羊草							3.45		3.45
	紫花苜蓿	17.54	38.65	87 431.00	40.00	50.00			57.54	88.65

表 2-12　2015 年各盟市多年生牧草分种类生产情况

盟市	牧草种类	人工种草			改良种草		飞播种草		合计种草	
		当年面积/万亩	保留面积/万亩	总产量/吨	当年面积/万亩	保留面积/万亩	当年面积/万亩	保留面积/万亩	当年面积/万亩	保留面积/万亩
全区		277.06	1 193.05	3 028 876.15	23.61	143.14	1.20	17.70	301.87	1 353.89
阿拉善盟	合计	1.28	1.55	9 956.00					1.28	1.55
	紫花苜蓿	1.28	1.55	9 956.00					1.28	1.55
巴彦淖尔市	合计	1.68	11.95	61 251.20					1.68	11.95
	沙打旺	0.42	4.25	11 411.20					0.42	4.25
	紫花苜蓿	1.26	7.70	49 840.00					1.26	7.70
包头市	合计	6.48	25.88	11 673.00					6.48	25.88
	紫花苜蓿	6.48	25.88	11 673.00					6.48	25.88
赤峰市	合计	53.52	263.04	750 554.80	2.40	2.40	1.20	15.20	57.12	280.64
	披碱草				2.00	2.00			2.00	2.00
	沙打旺	2.50	12.00	25 500.00			1.20	15.20	3.70	27.20
	羊草				0.40	0.40			0.40	0.40
	紫花苜蓿	51.02	251.04	725 054.80					51.02	251.04
鄂尔多斯市	合计	26.30	147.86	608 305.00	4.50	6.80		2.00	30.80	156.66
	冰草		0.60	1 140.00				2.00		2.60
	沙打旺	8.50	36.00	136 825.00	0.50	2.80			9.00	38.80
	羊草		0.20	360.00						0.20

（续）

盟市	牧草种类	人工种草			改良种草		飞播种草		合计种草	
		当年面积/万亩	保留面积/万亩	总产量/吨	当年面积/万亩	保留面积/万亩	当年面积/万亩	保留面积/万亩	当年面积/万亩	保留面积/万亩
鄂尔多斯市	紫花苜蓿	17.80	111.06	469 980.00	4.00	4.00			21.80	115.06
呼和浩特市	合计	15.31	80.32	187 412.40					15.31	80.32
	紫花苜蓿	15.31	80.32	187 412.40					15.31	80.32
呼伦贝尔市	合计	11.68	126.67	253 777.10	2.86	8.39			14.54	135.06
	冰草		20.00	29 560.00	0.18	0.38			0.18	20.38
	老芒麦		2.83	6 525.00	0.07	0.15			0.07	2.98
	披碱草	2.97	72.70	124 178.10	2.41	3.66			5.38	76.36
	无芒雀麦	0.23	2.96	7 727.00					0.23	2.96
	羊草	0.33	0.35	897.00					0.33	0.35
	紫花苜蓿	8.15	27.83	84 890.00	0.20	4.20			8.35	32.03
通辽市	合计	45.70	123.96	331 234.00	2.80	5.80			48.50	129.76
	沙打旺				0.80	0.80			0.80	0.80
	紫花苜蓿	45.70	123.96	331 234.00	2.00	5.00			47.70	128.96
乌海市	合计	0.10	0.10						0.10	0.10
	紫花苜蓿	0.10	0.10						0.10	0.10
乌兰察布市	合计	85.26	317.43	637 000.00	10.50	81.80			95.76	399.23
	冰草	3.30	15.70	7 850.00	0.50	7.50			3.80	23.20
	老芒麦	0.70	4.20	3 430.00	0.50	2.30			1.20	6.50
	披碱草	2.50	14.50	15 300.00	2.50	7.50			5.00	22.00

（续）

盟市	牧草种类	人工种草			改良种草		飞播种草		合计种草	
		当年面积/万亩	保留面积/万亩	总产量/吨	当年面积/万亩	保留面积/万亩	当年面积/万亩	保留面积/万亩	当年面积/万亩	保留面积/万亩
乌兰察布市	沙打旺	8.50	33.00	75 080.00	3.50	5.50			12.00	38.50
	无芒雀麦		1.70	1 190.00						1.70
	羊草	0.20	3.20	2 240.00		2.50			0.20	5.70
	紫花苜蓿	70.06	245.13	531 910.00	3.50	56.50			73.56	301.63
锡林郭勒盟	合计	15.55	52.93	52 952.65	0.55	7.95		0.50	16.10	61.38
	冰草	2.75	9.71	8 559.30	0.50	5.40			3.25	15.11
	老芒麦	2.30	12.99	12 453.00					2.30	12.99
	披碱草	5.68	14.26	9 888.85		1.20			5.68	15.46
	沙打旺	0.02	0.77	717.00	0.05	0.85		0.50	0.07	2.12
	无芒雀麦	0.02	0.96	88.50					0.02	0.96
	羊草	0.07	0.10	36.00					0.07	0.10
	紫花苜蓿	4.71	14.15	21 210.00		0.50			4.71	14.65
兴安盟	合计	14.20	41.37	124 760.00		30.00			14.20	71.37
	狼尾草（象草、王草）		0.50	2 500.00						0.50
	紫花苜蓿	14.20	40.87	122 260.00		30.00			14.20	70.87

表 2-13　2016 年各盟市多年生牧草分种类生产情况

盟市	牧草种类	人工种草			改良种草		飞播种草		合计种草	
		当年面积/万亩	保留面积/万亩	总产量/吨	当年面积/万亩	保留面积/万亩	当年面积/万亩	保留面积/万亩	当年面积/万亩	保留面积/万亩
全区		201.00	942.25	2 839 016.78	70.22	82.39	20.30	31.00	291.52	1 055.64
阿拉善盟	合计	2.33	3.36	25 360.00					2.33	3.36
	紫花苜蓿	2.33	3.36	25 360.00					2.33	3.36
巴彦淖尔市	合计	2.09	7.42	47 259.20					2.09	7.42
	紫花苜蓿	2.09	7.42	47 259.20					2.09	7.42
包头市	合计	4.25	19.51	61 424.00					4.25	19.51
	紫花苜蓿	4.25	19.51	61 424.00					4.25	19.51
赤峰市	合计	38.04	299.95	891 164.00	4.00	4.00	0.30	11.00	42.34	314.95
	冰草				2.00	2.00			2.00	2.00
	沙打旺	1.40	13.40	34 840.00	2.00	2.00	0.30	11.00	3.70	26.40
	紫花苜蓿	36.64	286.55	856 324.00					36.64	286.55
鄂尔多斯市	合计	27.75	154.00	712 660.00					27.75	154.00
	冰草		0.60	150.00						0.60
	沙打旺	3.75	34.27	130 102.00					3.75	34.27
	紫花苜蓿	24.00	119.13	582 408.00					24.00	119.13
呼和浩特市	合计	18.78	71.42	200 800.00					18.78	71.42
	紫花苜蓿	18.78	71.42	200 800.00					18.78	71.42
呼伦贝尔市	合计	23.17	114.65	242 301.40	40.42	40.42	20.00	20.00	83.59	175.07
	冰草	0.27	14.55	15 913.40	8.00	8.00	20.00	20.00	28.27	42.55
	老芒麦	0.06	0.76	1 590.00					0.06	0.76

（续）

盟市	牧草种类	人工种草			改良种草		飞播种草		合计种草	
		当年面积/万亩	保留面积/万亩	总产量/吨	当年面积/万亩	保留面积/万亩	当年面积/万亩	保留面积/万亩	当年面积/万亩	保留面积/万亩
呼伦贝尔市	披碱草	11.39	65.32	115 312.00	32.42	32.42			43.81	97.74
	无芒雀麦	0.19	1.40	2 559.00					0.19	1.40
	羊草		0.35	414.00						0.35
	紫花苜蓿	11.26	32.27	106 513.00					11.26	32.27
通辽市	合计	32.09	104.89	334 795.80					32.09	104.89
	紫花苜蓿	32.09	104.89	334 795.80					32.09	104.89
乌海市	合计		0.10	200.00						0.10
	紫花苜蓿		0.10	200.00						0.10
乌兰察布市	合计	41.30	81.03	165 659.00	21.50	27.00			62.80	108.03
	冰草	5.80	5.80	9 350.00	13.50	17.50			19.30	23.30
	披碱草	1.00	1.50	1 500.00	3.00	3.00			4.00	4.50
	沙打旺	4.90	5.70	9 920.00	1.50	3.00			6.40	8.70
	紫花苜蓿	29.60	68.03	144 889.00	3.50	3.50			33.10	71.53
锡林郭勒盟	合计	4.21	48.22	68 891.38	2.30	8.97			6.51	57.19
	冰草	0.23	6.67	2 627.90	1.50	3.40			1.73	10.07
	老芒麦		10.86	9 038.00						10.86
	披碱草	0.50	13.22	13 539.20	0.80	3.97			1.30	17.19
	沙打旺		0.05	127.40		0.70				0.75
	无芒雀麦		0.06	17.70		0.90				0.96
	羊草		0.09	144.80						0.09
	紫花苜蓿	3.48	17.27	43 396.38					3.48	17.27
兴安盟	合计	7.00	37.72	88 502.00	2.00	2.00			9.00	39.72
	猫尾草		0.15	360.00						0.15
	紫花苜蓿	7.00	37.57	88 142.00	2.00	2.00			9.00	39.57

表 2-14　2017 年各盟市多年生牧草分种类生产情况

盟市	牧草种类	人工种草			改良种草		飞播种草		合计种草	
		当年面积/万亩	保留面积/万亩	总产量/吨	当年面积/万亩	保留面积/万亩	当年面积/万亩	保留面积/万亩	当年面积/万亩	保留面积/万亩
全区		167.21	940.96	2 539 926.10	88.18	100.48	1.00	11.50	256.39	1 052.94
阿拉善盟	合计	3.80	6.20	37 290.00					3.80	6.20
	紫花苜蓿	3.80	6.20	37 290.00					3.80	6.20
巴彦淖尔市	合计	2.12	7.55	46 198.00					2.12	7.55
	紫花苜蓿	2.12	7.55	46 198.00					2.12	7.55
包头市	合计	10.00	20.90	57 550.00					10.00	20.90
	披碱草	5.40	5.40	9 450.00					5.40	5.40
	紫花苜蓿	4.60	15.50	48 100.00					4.60	15.50
赤峰市	合计	32.63	304.18	580 262.50	5.00	5.00		10.50	37.63	319.68
	沙打旺							10.50		10.50
	紫花苜蓿	32.63	304.18	580 262.50	5.00	5.00			37.63	309.18
鄂尔多斯市	合计	20.20	152.20	743 655.00	5.00	5.00	1.00	1.00	26.20	158.20
	沙打旺	2.30	21.40	93 505.00	1.00	1.00	1.00	1.00	4.30	23.40
	紫花苜蓿	17.90	130.80	650 150.00	4.00	4.00			21.90	134.80
呼和浩特市	合计	31.64	100.48	204 318.00					31.64	100.48
	紫花苜蓿	31.64	100.48	204 318.00					31.64	100.48
呼伦贝尔市	合计	17.24	117.73	244 868.00	66.98	67.38			84.22	185.11
	冰草		9.90	9 780.00	2.50	2.50			2.50	12.40
	老芒麦		0.62	890.00						0.62
	披碱草	0.78	63.82	110 844.75	44.48	44.48			45.26	108.30

（续）

盟市	牧草种类	人工种草			改良种草		飞播种草		合计种草	
		当年面积/万亩	保留面积/万亩	总产量/吨	当年面积/万亩	保留面积/万亩	当年面积/万亩	保留面积/万亩	当年面积/万亩	保留面积/万亩
呼伦贝尔市	无芒雀麦	0.20	1.23	1 260.00					0.20	1.23
	羊草		0.30	330.00	20.00	20.20			20.00	20.50
	紫花苜蓿	16.27	41.86	121 763.25		0.20			16.27	42.06
通辽市	合计	16.16	60.10	281 900.00					16.16	60.10
	紫花苜蓿	16.16	60.10	281 900.00					16.16	60.10
乌海市	合计	0.20	0.30	1 200.00					0.20	0.30
	紫花苜蓿	0.20	0.30	1 200.00					0.20	0.30
乌兰察布市	合计	10.06	86.58	209 720.00	6.40	14.40			16.46	100.98
	冰草	0.40	1.10	1 560.00	4.00	12.00			4.40	13.10
	披碱草	0.10	0.20	220.00	0.40	0.40			0.50	0.60
	沙打旺	0.50	6.00	3 000.00					0.50	6.00
	紫花苜蓿	9.06	79.28	204 940.00	2.00	2.00			11.06	81.28
锡林郭勒盟	合计	4.73	44.16	49 029.60	2.80	6.70			7.53	50.86
	冰草		6.30	2 260.80	2.50	5.00			2.50	11.30
	老芒麦		10.24	8 773.00						10.24
	披碱草	0.88	12.77	13 277.60	0.30	1.70			1.18	14.47
	沙打旺		0.05	107.80						0.05
	无芒雀麦		0.06	129.80						0.06
	羊草		0.01	4.00						0.01
	紫花苜蓿	3.85	14.73	24 476.60					3.85	14.73
兴安盟	合计	18.44	40.58	83 935.00	2.00	2.00			20.44	42.58
	猫尾草		0.15	360.00						0.15
	紫花苜蓿	18.44	40.43	83 575.00	2.00	2.00			20.44	42.43

表 2-15　2018 年各盟市多年生牧草分种类生产情况

盟市	牧草种类	人工种草			改良种草		飞播种草		合计种草	
		当年面积/万亩	保留面积/万亩	总产量/吨	当年面积/万亩	保留面积/万亩	当年面积/万亩	保留面积/万亩	当年面积/万亩	保留面积/万亩
全区		113.59	889.95	2 639 630.06	32.98	59.88	0.50	10.50	147.07	960.33
阿拉善盟	合计	1.31	3.86	22 690.00					1.31	3.86
	紫花苜蓿	1.31	3.86	22 690.00					1.31	3.86
巴彦淖尔市	合计	2.06	7.09	40 984.00					2.06	7.09
	紫花苜蓿	2.06	7.09	40 984.00					2.06	7.09
包头市	合计	13.25	33.85	94 800.00					13.25	33.85
	披碱草		5.40	10 800.00						5.40
	紫花苜蓿	13.25	28.45	84 000.00					13.25	28.45
赤峰市	合计	21.35	293.35	827 360.00			0.50	10.50	21.85	303.85
	沙打旺	0.60	0.60	1 560.00			0.50	10.50	1.10	11.10
	紫花苜蓿	20.75	292.75	825 800.00					20.75	292.75
鄂尔多斯市	合计	18.30	118.30	574 705.00	5.00	5.00			23.30	123.30
	沙打旺	1.70	18.50	56 105.00					1.70	18.50
	紫花苜蓿	16.60	99.80	518 600.00	5.00	5.00			21.60	104.80
呼和浩特市	合计	10.74	73.32	138 970.00					10.74	73.32
	老芒麦		2.00	40.00						2.00

（续）

盟市	牧草种类	人工种草			改良种草		飞播种草		合计种草	
		当年面积/万亩	保留面积/万亩	总产量/吨	当年面积/万亩	保留面积/万亩	当年面积/万亩	保留面积/万亩	当年面积/万亩	保留面积/万亩
呼和浩特市	紫花苜蓿	10.74	71.32	138 930.00					10.74	71.32
呼伦贝尔市	合计	18.70	134.59	308 343.64	16.50	23.50			35.20	158.09
	冰草		8.90	10 100.00	1.50	8.50			1.50	17.40
	老芒麦		0.52	720.00						0.52
	披碱草	4.37	66.74	128 656.34	15.00	15.00			19.37	81.74
	无芒雀麦	0.16	0.89	918.00					0.16	0.89
	羊草		0.30	300.00						0.30
	紫花苜蓿	14.17	57.24	167 649.30					14.17	57.24
通辽市	合计	8.30	68.10	213 860.00					8.30	68.10
	紫花苜蓿	8.30	68.10	213 860.00					8.30	68.10
乌海市	合计	0.19	0.34	2 040.00					0.19	0.34
	紫花苜蓿	0.19	0.34	2 040.00					0.19	0.34
乌兰察布市	合计	5.15	72.55	237 090.50	9.50	23.50			14.65	96.05
	冰草	0.20	0.50	990.00	7.00	19.00			7.20	19.50
	披碱草	0.11	0.41	738.00	0.10	0.10			0.21	0.51
	沙打旺		4.30	27 950.00						4.30
	羊草				1.40	1.40			1.40	1.40
	紫花苜蓿	4.85	67.35	207 412.50	1.00	3.00			5.85	70.35

（续）

盟市	牧草种类	人工种草			改良种草		飞播种草		合计种草	
		当年面积/万亩	保留面积/万亩	总产量/吨	当年面积/万亩	保留面积/万亩	当年面积/万亩	保留面积/万亩	当年面积/万亩	保留面积/万亩
锡林郭勒盟	合计	2.25	47.58	61 048.92	0.38	6.28			2.63	53.86
	冰草	0.30	6.60	4 762.80		4.70			0.30	11.30
	老芒麦		10.24	8 709.50	0.30	0.30			0.30	10.54
	披碱草	0.20	12.97	12 121.60	0.05	1.25			0.25	14.22
	沙打旺		0.05	66.15						0.05
	无芒雀麦		0.06	85.55						0.06
	羊草		0.03	37.60	0.03	0.03			0.03	0.06
	紫花苜蓿	1.75	17.63	35 265.72					1.75	17.63
兴安盟	合计	12.00	37.02	117 738.00	1.60	1.60			13.60	38.62
	冰草				0.40	0.40			0.40	0.40
	猫尾草		0.62	1 488.00						0.62
	沙打旺				0.40	0.40			0.40	0.40
	羊草				0.40	0.40			0.40	0.40
	紫花苜蓿	12.00	36.40	116 250.00	0.40	0.40			12.40	36.80

三、饲用灌木种植情况

NEIMENGGU CAOYE TONGJI
(2009—2018)

表 3-1 2009—2018 年全区饲用灌木种植情况

单位：万亩

年度	人工种植		改良种植		飞播种植		合计种植	
	当年面积	保留面积	当年面积	保留面积	当年面积	保留面积	当年面积	保留面积
总计	3 458.85	15 061.55	1 209.30	9 183.90	221.50	5 758.61	4 889.65	30 004.06
2009 年	223.08	1 231.82	266.82	822.85	117.00	848.85	606.90	2 903.52
2010 年	260.95	1 082.51	223.90	929.10	17.00	740.30	501.85	2 751.91
2011 年	567.86	1 662.21	91.10	1 006.00	9.00	638.10	667.96	3 306.31
2012 年	559.05	1 738.24	94.00	1 062.58	7.50	583.90	660.55	3 384.72
2013 年	469.67	1 822.28	43.73	1 035.92	17.10	606.70	530.50	3 464.90
2014 年	436.82	1 824.76	129.83	1 096.17	3.00	508.83	569.65	3 429.76
2015 年	428.62	1 887.10	178.04	1 231.71	9.00	503.33	615.66	3 622.14
2016 年	184.39	1 374.59	67.76	674.21	13.40	496.20	265.55	2 545.00
2017 年	151.63	1 178.65	49.32	662.46	12.00	418.30	212.95	2 259.41
2018 年	176.77	1 259.40	64.80	662.90	16.50	414.10	258.07	2 336.40

表 3-2　2009—2018 各年度各盟市饲用灌木种植情况

单位：万亩

年度	盟市	人工种植		改良种植		飞播种植		合计种植	
		当年面积	保留面积	当年面积	保留面积	当年面积	保留面积	当年面积	保留面积
2009 年	全区	223.08	1 231.82	266.82	822.85	117.00	848.85	606.90	2 903.52
	阿拉善盟			8.60	8.60			8.60	8.60
	包头市	2.08	25.25					2.08	25.25
	赤峰市	5.80	59.00			31.00	214.80	36.80	273.80
	鄂尔多斯市	80.10	388.50	168.10	520.85	53.00	515.00	301.20	1 424.35
	呼和浩特市	3.00	214.80					3.00	214.80
	呼伦贝尔市	4.80	5.17			28.00	38.00	32.80	43.17
	通辽市	55.30	99.40	68.10	136.10	5.00	6.00	128.40	241.50
	乌兰察布市	69.70	410.52	14.00	95.00		5.00	83.70	510.52
	锡林郭勒盟	0.30	2.18	0.52	2.30		63.75	0.82	68.23
	兴安盟	2.00	27.00	7.50	60.00		6.30	9.50	93.30
2010 年	全区	260.95	1 082.51	223.90	929.10	17.00	740.30	501.85	2 751.91
	阿拉善盟	30.10	30.34	11.60	11.60			41.70	41.94
	包头市	2.40	11.80					2.40	11.80
	赤峰市	4.60	26.00			7.00	214.00	11.60	240.00
	鄂尔多斯市	27.30	361.45	99.30	552.95		419.00	126.60	1 333.40
	呼伦贝尔市	8.80	9.95				28.00	8.80	37.95
	通辽市	81.30	146.50	96.00	195.50			177.30	342.00
	乌海市	2.00	2.00					2.00	2.00

（续）

年度	盟市	人工种植		改良种植		飞播种植		合计种植	
		当年面积	保留面积	当年面积	保留面积	当年面积	保留面积	当年面积	保留面积
2010年	乌兰察布市	91.70	452.82	9.20	97.20		5.00	100.90	555.02
	锡林郭勒盟	1.75	3.65	0.30	4.35	10.00	68.00	12.05	76.00
	兴安盟	11.00	38.00	7.50	67.50		6.30	18.50	111.80
2011年	全区	567.86	1 662.21	91.10	1 006.00	9.00	638.10	667.96	3 306.31
	阿拉善盟	76.03	76.03					76.03	76.03
	巴彦淖尔市	96.00	96.00					96.00	96.00
	包头市	5.10	10.20	1.10	1.10			6.20	11.30
	赤峰市	19.50	174.25		9.00	9.00	310.30	28.50	493.55
	鄂尔多斯市	149.42	520.10	78.00	830.90		306.50	227.42	1 657.50
	呼伦贝尔市	2.20	9.62					2.20	9.62
	通辽市	60.96	160.00		51.50			60.96	211.50
	乌兰察布市	93.00	522.72	10.00	107.00		5.00	103.00	634.72
	锡林郭勒盟	59.85	65.49	2.00	2.00		10.00	61.85	77.49
	兴安盟	5.80	27.80		4.50		6.30	5.80	38.60
2012年	全区	559.05	1 738.24	94.00	1 062.58	7.50	583.90	660.55	3 384.72
	阿拉善盟	58.39	102.29					58.39	102.29
	巴彦淖尔市	63.56	94.88					63.56	94.88
	包头市	5.10	12.50	1.00	1.00			6.10	13.50
	赤峰市	32.97	187.22	2.60	44.70	7.50	298.60	43.07	530.52

（续）

年度	盟市	人工种植		改良种植		飞播种植		合计种植	
		当年面积	保留面积	当年面积	保留面积	当年面积	保留面积	当年面积	保留面积
2012 年	鄂尔多斯市	170.55	513.71	50.00	809.02		276.80	220.55	1 599.53
	呼和浩特市	20.50	35.50					20.50	35.50
	呼伦贝尔市	1.60	5.60					1.60	5.60
	通辽市	61.50	103.66	40.00	97.96			101.50	201.62
	乌海市	1.65	3.28					1.65	3.28
	乌兰察布市	90.00	613.37		107.00		5.00	90.00	725.37
	锡林郭勒盟	43.23	49.23	0.40	2.90		3.50	43.63	55.63
	兴安盟	10.00	17.00					10.00	17.00
2013 年	全区	469.67	1 822.28	43.73	1 035.92	17.10	606.70	530.50	3 464.90
	阿拉善盟	48.49	79.19	5.00	15.00			53.49	94.19
	巴彦淖尔市	7.15	23.27					7.15	23.27
	包头市	3.51	12.64					3.51	12.64
	赤峰市	45.06	161.06		59.19	6.10	358.60	51.16	578.85
	鄂尔多斯市	129.45	619.57		747.10		229.10	129.45	1 595.77
	呼和浩特市	27.98	49.01					27.98	49.01
	呼伦贝尔市	7.20	8.60					7.20	8.60
	通辽市	55.09	145.48	35.00	86.00	1.00	1.00	91.09	232.48
	乌海市	0.10	1.68					0.10	1.68
	乌兰察布市	90.00	617.80		100.00		4.50	90.00	722.30

（续）

年度	盟市	人工种植		改良种植		飞播种植		合计种植	
		当年面积	保留面积	当年面积	保留面积	当年面积	保留面积	当年面积	保留面积
2013 年	锡林郭勒盟	51.02	92.71	3.73	28.63	10.00	13.50	64.75	134.84
	兴安盟	4.62	11.27					4.62	11.27
2014 年	全区	436.82	1 824.76	129.83	1 096.17	3.00	508.83	569.65	3 429.76
	阿拉善盟	52.08	64.28		5.00			52.08	69.28
	巴彦淖尔市	123.36	123.36					123.36	123.36
	包头市		12.64						12.64
	赤峰市	29.96	166.61		5.00	3.00	265.50	32.96	437.11
	鄂尔多斯市	38.10	609.32	20.30	764.34		226.33	58.40	1 599.99
	呼和浩特市	19.15	65.15					19.15	65.15
	呼伦贝尔市	4.67	13.99	50.00	50.00			54.67	63.99
	通辽市	33.00	89.00	58.00	166.00		1.00	91.00	256.00
	乌海市	0.05	1.78					0.05	1.78
	乌兰察布市	130.00	616.90		100.00		4.50	130.00	721.40
	锡林郭勒盟	6.46	55.20	1.53	5.83		11.50	7.99	72.53
	兴安盟		6.52						6.52
2015 年	全区	428.62	1 887.10	178.04	1 231.71	9.00	503.33	615.66	3 622.14
	阿拉善盟	68.29	109.05	22.00	27.00			90.29	136.05
	巴彦淖尔市	136.75	206.12					136.75	206.12
	包头市	0.02	5.03					0.02	5.03

（续）

年度	盟市	人工种植		改良种植		飞播种植		合计种植	
		当年面积	保留面积	当年面积	保留面积	当年面积	保留面积	当年面积	保留面积
2015年	赤峰市	17.80	170.83			4.00	269.50	21.80	440.33
	鄂尔多斯市	18.90	551.10	95.50	859.84		226.33	114.40	1 637.27
	呼和浩特市	43.19	109.72					43.19	109.72
	呼伦贝尔市	1.15	5.75					1.15	5.75
	通辽市	25.76	113.76	47.70	213.70		1.00	73.46	328.46
	乌海市	0.33	0.33					0.33	0.33
	乌兰察布市	95.50	506.40	0.50	115.50			96.00	621.90
	锡林郭勒盟	20.93	106.11	12.34	15.67	5.00	6.50	38.27	128.28
	兴安盟		2.90						2.90
2016年	全区	184.39	1 374.59	67.76	674.21	13.40	496.20	265.55	2 545.00
	阿拉善盟	71.06	112.56	43.00	98.15	3.70	8.50	117.76	219.21
	巴彦淖尔市			0.26	0.26			0.26	0.26
	赤峰市		98.33	4.00	4.00	1.70	255.20	5.70	357.53
	鄂尔多斯市	49.80	532.30		546.70	8.00	231.00	57.80	1 310.00
	呼和浩特市	9.00	42.00					9.00	42.00
	呼伦贝尔市	0.23	0.33	12.00	16.50			12.23	16.83
	通辽市	20.25	98.95					20.25	98.95
	乌海市	0.05	0.05					0.05	0.05
	乌兰察布市	30.00	419.40	8.50	8.50			38.50	427.90

（续）

年度	盟市	人工种植		改良种植		飞播种植		合计种植	
		当年面积	保留面积	当年面积	保留面积	当年面积	保留面积	当年面积	保留面积
2016 年	锡林郭勒盟	4.00	70.67		0.10		1.50	4.00	72.27
2017 年	全区	151.63	1 178.65	49.32	662.46	12.00	418.30	212.95	2 259.41
	阿拉善盟	83.70	165.52	35.00	113.14			118.70	278.66
	赤峰市					6.00	254.50	6.00	254.50
	鄂尔多斯市	22.30	501.00	13.70	546.20	6.00	162.30	42.00	1 209.50
	呼伦贝尔市	0.33	1.93	0.12	0.12			0.45	2.05
	乌兰察布市	41.00	443.00		2.50			41.00	445.50
	锡林郭勒盟	4.30	67.20	0.50	0.50		1.50	4.80	69.20
2018 年	全区	176.77	1 259.40	64.80	662.90	16.50	414.10	258.07	2 336.40
	阿拉善盟	114.30	236.13	25.00	97.60			139.30	333.73
	赤峰市					3.50	244.50	3.50	244.50
	鄂尔多斯市	18.30	494.20	18.09	537.29	13.00	168.10	49.39	1 199.59
	呼和浩特市		2.00						2.00
	呼伦贝尔市		1.60	14.50	20.50			14.50	22.10
	乌海市	0.20	0.20					0.20	0.20
	乌兰察布市	40.50	462.90	0.50	0.50			41.00	463.40
	锡林郭勒盟	3.47	62.37	6.31	6.61		1.50	9.78	70.48
	兴安盟			0.40	0.40			0.40	0.40

表 3-3　2009—2018 各年度各经济类型地区饲用灌木种植情况

单位：万亩

年度	经济类型地区		人工种植		改良种植		飞播种植		合计种植	
			当年面积	保留面积	当年面积	保留面积	当年面积	保留面积	当年面积	保留面积
2009 年	全区		223.08	1 231.82	266.82	822.85	117.00	848.85	606.90	2 903.52
	牧区、半牧区	合计	168.30	811.90	259.82	815.85	117.00	835.35	545.12	2 463.10
		牧区	82.78	371.38	180.72	483.90	116.00	757.55	379.50	1 612.83
		半牧区	85.52	440.52	79.10	331.95	1.00	77.80	165.62	850.27
2010 年	全区		260.95	1 082.51	223.90	929.10	17.00	740.30	501.85	2 751.91
	牧区、半牧区	合计	194.35	856.39	223.70	921.90	17.00	738.80	435.05	2 517.09
		牧区	113.95	441.49	193.90	588.55	17.00	670.30	324.85	1 700.34
		半牧区	80.40	414.90	29.80	333.35		68.50	110.20	816.75
2011 年	全区		567.86	1 662.21	91.10	1 006.00	9.00	638.10	667.96	3 306.31
	牧区、半牧区	合计	492.06	1 403.09	88.00	986.90	9.00	634.60	589.06	3 024.59
		牧区	389.06	832.78	70.00	649.30	9.00	557.80	468.06	2 039.88
		半牧区	103.00	570.31	18.00	337.60		76.80	121.00	984.71
2012 年	全区		559.05	1 738.24	94.00	1 062.58	7.50	583.90	660.55	3 384.72
	牧区、半牧区	合计	474.64	1 390.01	92.60	1 051.68	7.50	580.40	574.74	3 022.09
		牧区	378.15	854.21	82.60	817.88	7.50	433.10	468.25	2 105.19
		半牧区	96.49	535.80	10.00	233.80		147.30	106.49	916.90
2013 年	全区		469.67	1 822.28	43.73	1 035.92	17.10	606.70	530.50	3 464.90
	牧区、半牧区	合计	384.12	1 465.37	43.73	1 026.02	17.10	603.20	444.95	3 094.59
		牧区	301.82	865.26	33.73	890.22	16.10	536.90	351.65	2 292.38
		半牧区	82.30	600.11	10.00	135.80	1.00	66.30	93.30	802.21

（续）

年度	经济类型地区		人工种植		改良种植		飞播种植		合计种植	
			当年面积	保留面积	当年面积	保留面积	当年面积	保留面积	当年面积	保留面积
2014 年	全区		436.82	1 824.76	129.83	1 096.17	3.00	508.83	569.65	3 429.76
	牧区、半牧区	合计	338.57	1 506.55	129.83	1 089.17	3.00	507.33	471.40	3 103.05
		牧区	269.81	914.37	129.63	897.17	3.00	459.83	402.44	2 271.37
		半牧区	68.76	592.17	0.20	192.00		47.50	68.96	831.67
2015 年	全区		428.62	1 887.10	178.04	1 231.71	9.00	503.33	615.66	3 622.14
	牧区、半牧区	合计	340.28	1 543.39	176.34	1 228.01	9.00	501.83	525.62	3 273.23
		牧区	306.61	1 119.05	161.84	999.41	9.00	454.33	477.45	2 572.79
		半牧区	33.66	424.34	14.50	228.60		47.50	48.16	700.44
2016 年	全区		184.39	1 374.59	67.76	674.21	13.40	496.20	265.55	2 545.00
	牧区、半牧区	合计	159.34	1 170.94	65.26	671.61	13.40	494.70	238.00	2 337.25
		牧区	143.41	841.31	59.26	548.11	5.40	432.20	208.07	1 821.62
		半牧区	15.93	329.63	6.00	123.50	8.00	62.50	29.93	515.63
2017 年	全区		151.63	1 178.65	49.32	662.46	12.00	418.30	212.95	2 259.41
	牧区、半牧区	合计	135.63	1 005.45	49.32	659.96	12.00	416.80	196.95	2 082.21
		牧区	108.63	728.35	49.32	542.46	12.00	362.30	169.95	1 633.11
		半牧区	27.00	277.10		117.50		54.50	27.00	449.10
2018 年	全区		176.77	1 259.40	64.80	662.90	16.50	414.10	258.07	2 336.40
	牧区、半牧区	合计	165.57	1 091.60	64.30	662.40	16.50	412.60	246.37	2 166.60
		牧区	135.57	807.30	64.30	566.40	16.50	363.10	216.37	1 736.80
		半牧区	30.00	284.30		96.00		49.50	30.00	429.80

表 3-4　2009—2018 年全区饲用灌木分种类种植情况

单位：万亩

年度	灌木种类	人工种植		改良种植		飞播种植		合计种植	
		当年面积	保留面积	当年面积	保留面积	当年面积	保留面积	当年面积	保留面积
2009 年	合计	223.08	1 231.82	266.82	822.85	117.00	848.85	606.90	2 903.52
	胡枝子	4.32	4.32					4.32	4.32
	柠条	165.03	979.30	233.45	780.90	53.00	522.56	451.48	2 282.76
	沙蒿	7.00	25.80	10.00	10.00	7.00	209.68	24.00	245.48
	梭梭			8.60	8.60			8.60	8.60
	羊柴	20.15	67.32	9.30	9.30	45.00	45.00	74.45	121.62
	其他饲用灌木	26.58	155.08	5.47	14.05	12.00	71.61	44.05	240.74
2010 年	合计	260.95	1 082.51	223.90	929.10	17.00	740.30	501.85	2 751.91
	胡枝子	8.20	8.80					8.20	8.80
	柠条	169.30	821.85	147.60	825.90		386.30	316.90	2 034.05
	沙蒿	4.60	14.60	3.05	8.05	9.70	224.20	17.35	246.85
	羊柴	16.20	73.96	17.00	26.30	6.30	62.30	39.50	162.56
	其他饲用灌木	62.65	163.30	56.25	68.85	1.00	67.50	119.90	299.65
2011 年	合计	567.86	1 662.21	91.10	1 006.00	9.00	638.10	667.96	3 306.31
	胡枝子	2.00	4.32					2.00	4.32
	柠条	408.48	1 401.03	58.00	727.30	1.40	248.80	467.88	2 377.13
	沙蒿	12.90	16.95	7.50	116.80	5.30	263.30	25.70	397.05
	梭梭	76.03	76.03					76.03	76.03
	羊柴	45.58	110.97	24.50	157.80	2.30	126.00	72.38	394.77

（续）

年度	灌木种类	人工种植		改良种植		飞播种植		合计种植	
		当年面积	保留面积	当年面积	保留面积	当年面积	保留面积	当年面积	保留面积
2011 年	其他饲用灌木	22.87	52.91	1.10	4.10			23.97	57.01
2012 年	合计	559.05	1 738.24	94.00	1 062.58	7.50	583.90	660.55	3 384.72
	胡枝子	0.70	1.70					0.70	1.70
	柠条	456.91	1 523.95	94.00	842.46		287.90	550.91	2 654.31
	沙蒿	27.55	33.10		162.82	7.40	213.40	34.95	409.32
	梭梭	58.00	98.33					58.00	98.33
	羊柴	14.46	70.60		54.30	0.10	82.60	14.56	207.50
	其他饲用灌木	1.43	10.56		3.00			1.43	13.56
2013 年	合计	469.67	1 822.28	43.73	1 035.92	17.10	606.70	530.50	3 464.90
	胡枝子		1.40						1.40
	柠条	357.30	1 606.49	37.20	697.00	3.00	255.20	397.50	2 558.69
	沙蒿	1.90	4.05	0.10	155.31	4.00	199.40	6.00	358.76
	梭梭	35.10	60.10	5.00	15.00			40.10	75.10
	羊柴	40.18	90.38		146.18	0.10	142.10	40.28	378.66
	其他饲用灌木	35.19	59.85	1.43	22.43	10.00	10.00	46.62	92.28
2014 年	合计	436.82	1 824.76	129.83	1 096.17	3.00	508.83	569.65	3 429.76
	胡枝子	0.10	2.42					0.10	2.42
	柠条	250.41	1 530.70	121.03	837.13	1.90	201.89	373.34	2 569.72
	沙蒿	1.57	7.02	0.07	98.19	0.90	169.60	2.54	274.81
	羊柴	11.80	79.15	5.20	151.32	0.20	127.34	17.20	357.81
	其他饲用灌木	172.94	205.46	3.53	9.53		10.00	176.47	224.99
2015 年	合计	428.62	1 887.10	178.04	1 231.71	9.00	503.33	615.66	3 622.14

(续)

年度	灌木种类	人工种植		改良种植		飞播种植		合计种植	
		当年面积	保留面积	当年面积	保留面积	当年面积	保留面积	当年面积	保留面积
2015 年	胡枝子	0.15	0.25					0.15	0.25
	柠条	351.25	1 691.32	111.80	891.73	2.70	200.09	465.75	2 783.14
	沙蒿		2.50	40.15	136.04	0.90	170.50	41.05	309.04
	羊柴	2.88	51.75	3.05	151.37	5.40	132.74	11.33	335.86
	其他饲用灌木	74.34	141.28	23.04	52.57			97.38	193.85
2016 年	合计	184.39	1 374.59	67.76	674.21	13.40	496.20	265.55	2 545.00
	胡枝子	0.13	0.23					0.13	0.23
	柠条	96.50	1 112.73	14.76	438.46	8.80	196.30	120.06	1 747.49
	沙蒿		1.00	8.00	71.10	0.50	156.60	8.50	228.70
	羊柴	12.60	116.10	2.00	66.50	0.40	134.80	15.00	317.40
	其他饲用灌木	75.16	144.53	43.00	98.15	3.70	8.50	121.86	251.18
2017 年	合计	151.63	1 178.65	49.32	662.46	12.00	418.30	212.95	2 259.41
	柠条	66.50	923.80	11.90	424.90	6.00	172.70	84.40	1 521.40
	沙蒿		1.50	0.30	60.30	3.90	129.70	4.20	191.50
	羊柴	0.60	70.60	2.00	64.00	2.10	115.90	4.70	250.50
	其他饲用灌木	84.53	182.75	35.12	113.26			119.65	296.01
2018 年	合计	176.77	1 259.40	64.80	662.90	16.50	414.10	258.07	2 336.40
	柠条	58.70	935.40	26.79	445.49	4.00	165.00	89.49	1 545.89
	沙蒿		1.50	2.11	48.91	8.00	135.30	10.11	185.71
	梭梭	114.30	236.13	25.00	97.60			139.30	333.73
	羊柴	2.00	84.50	4.80	64.80	4.50	113.80	11.30	263.10
	其他饲用灌木	1.77	1.87	6.10	6.10			7.87	7.97

表 3-5　2009—2018 年各盟市饲用灌木种植情况

单位：万亩

盟市	年度	人工种植		改良种植		飞播种植		合计种植	
		当年面积	保留面积	当年面积	保留面积	当年面积	保留面积	当年面积	保留面积
阿拉善盟	合计	602.44	975.39	150.20	376.09	3.70	8.50	756.34	1 359.98
	2009 年			8.60	8.60			8.60	8.60
	2010 年	30.10	30.34	11.60	11.60			41.70	41.94
	2011 年	76.03	76.03					76.03	76.03
	2012 年	58.39	102.29					58.39	102.29
	2013 年	48.49	79.19	5.00	15.00			53.49	94.19
	2014 年	52.08	64.28		5.00			52.08	69.28
	2015 年	68.29	109.05	22.00	27.00			90.29	136.05
	2016 年	71.06	112.56	43.00	98.15	3.70	8.50	117.76	219.21
	2017 年	83.70	165.52	35.00	113.14			118.70	278.66
	2018 年	114.30	236.13	25.00	97.60			139.30	333.73
巴彦淖尔市	合计	426.82	543.63	0.26	0.26			427.08	543.89
	2011 年	96.00	96.00					96.00	96.00
	2012 年	63.56	94.88					63.56	94.88
	2013 年	7.15	23.27					7.15	23.27
	2014 年	123.36	123.36					123.36	123.36
	2015 年	136.75	206.12					136.75	206.12
	2016 年			0.26	0.26			0.26	0.26
包头市	合计	18.21	90.06	2.10	2.10			20.31	92.16

（续）

盟市	年度	人工种植		改良种植		飞播种植		合计种植	
		当年面积	保留面积	当年面积	保留面积	当年面积	保留面积	当年面积	保留面积
包头市	2009年	2.08	25.25					2.08	25.25
	2010年	2.40	11.80					2.40	11.80
	2011年	5.10	10.20	1.10	1.10			6.20	11.30
	2012年	5.10	12.50	1.00	1.00			6.10	13.50
	2013年	3.51	12.64					3.51	12.64
	2014年		12.64						12.64
	2015年	0.02	5.03					0.02	5.03
赤峰市	合计	155.69	1 043.30	6.60	121.89	78.80	2 685.50	241.09	3 850.69
	2009年	5.80	59.00			31.00	214.80	36.80	273.80
	2010年	4.60	26.00			7.00	214.00	11.60	240.00
	2011年	19.50	174.25		9.00	9.00	310.30	28.50	493.55
	2012年	32.97	187.22	2.60	44.70	7.50	298.60	43.07	530.52
	2013年	45.06	161.06		59.19	6.10	358.60	51.16	578.85
	2014年	29.96	166.61		5.00	3.00	265.50	32.96	437.11
	2015年	17.80	170.83			4.00	269.50	21.80	440.33
	2016年		98.33	4.00	4.00	1.70	255.20	5.70	357.53
	2017年					6.00	254.50	6.00	254.50
	2018年					3.50	244.50	3.50	244.50
鄂尔多斯市	合计	704.22	5 091.26	542.99	6 715.19	80.00	2 760.46	1 327.21	14 566.91

（续）

盟市	年度	人工种植		改良种植		飞播种植		合计种植	
		当年面积	保留面积	当年面积	保留面积	当年面积	保留面积	当年面积	保留面积
鄂尔多斯市	2009 年	80.10	388.50	168.10	520.85	53.00	515.00	301.20	1 424.35
	2010 年	27.30	361.45	99.30	552.95		419.00	126.60	1 333.40
	2011 年	149.42	520.10	78.00	830.90		306.50	227.42	1 657.50
	2012 年	170.55	513.71	50.00	809.02		276.80	220.55	1 599.53
	2013 年	129.45	619.57		747.10		229.10	129.45	1 595.77
	2014 年	38.10	609.32	20.30	764.34		226.33	58.40	1 599.99
	2015 年	18.90	551.10	95.50	859.84		226.33	114.40	1 637.27
	2016 年	49.80	532.30		546.70	8.00	231.00	57.80	1 310.00
	2017 年	22.30	501.00	13.70	546.20	6.00	162.30	42.00	1 209.50
	2018 年	18.30	494.20	18.09	537.29	13.00	168.10	49.39	1 199.59
呼和浩特市	合计	122.82	518.18					122.82	518.18
	2009 年	3.00	214.80					3.00	214.80
	2012 年	20.50	35.50					20.50	35.50
	2013 年	27.98	49.01					27.98	49.01
	2014 年	19.15	65.15					19.15	65.15
	2015 年	43.19	109.72					43.19	109.72
	2016 年	9.00	42.00					9.00	42.00
	2018 年		2.00						2.00
呼伦贝尔市	合计	30.97	62.54	76.62	87.12	28.00	66.00	135.59	215.66

（续）

盟市	年度	人工种植		改良种植		飞播种植		合计种植	
		当年面积	保留面积	当年面积	保留面积	当年面积	保留面积	当年面积	保留面积
呼伦贝尔市	2009 年	4.80	5.17			28.00	38.00	32.80	43.17
	2010 年	8.80	9.95				28.00	8.80	37.95
	2011 年	2.20	9.62					2.20	9.62
	2012 年	1.60	5.60					1.60	5.60
	2013 年	7.20	8.60					7.20	8.60
	2014 年	4.67	13.99	50.00	50.00			54.67	63.99
	2015 年	1.15	5.75					1.15	5.75
	2016 年	0.23	0.33	12.00	16.50			12.23	16.83
	2017 年	0.33	1.93	0.12	0.12			0.45	2.05
	2018 年		1.60	14.50	20.50			14.50	22.10
通辽市	合计	393.16	956.75	344.80	946.76	6.00	9.00	743.96	1 912.51
	2009 年	55.30	99.40	68.10	136.10	5.00	6.00	128.40	241.50
	2010 年	81.30	146.50	96.00	195.50			177.30	342.00
	2011 年	60.96	160.00		51.50			60.96	211.50
	2012 年	61.50	103.66	40.00	97.96			101.50	201.62
	2013 年	55.09	145.48	35.00	86.00	1.00	1.00	91.09	232.48
	2014 年	33.00	89.00	58.00	166.00		1.00	91.00	256.00
	2015 年	25.76	113.76	47.70	213.70		1.00	73.46	328.46
	2016 年	20.25	98.95					20.25	98.95

（续）

盟市	年度	人工种植		改良种植		飞播种植		合计种植	
		当年面积	保留面积	当年面积	保留面积	当年面积	保留面积	当年面积	保留面积
乌海市	合计	4.38	9.32					4.38	9.32
	2010年	2.00	2.00					2.00	2.00
	2012年	1.65	3.28					1.65	3.28
	2013年	0.10	1.68					0.10	1.68
	2014年	0.05	1.78					0.05	1.78
	2015年	0.33	0.33					0.33	0.33
	2016年	0.05	0.05					0.05	0.05
	2018年	0.20	0.20					0.20	0.20
乌兰察布市	合计	771.40	5 065.83	42.70	733.20		29.00	814.10	5 828.03
	2009年	69.70	410.52	14.00	95.00		5.00	83.70	510.52
	2010年	91.70	452.82	9.20	97.20		5.00	100.90	555.02
	2011年	93.00	522.72	10.00	107.00		5.00	103.00	634.72
	2012年	90.00	613.37		107.00		5.00	90.00	725.37
	2013年	90.00	617.80		100.00		4.50	90.00	722.30
	2014年	130.00	616.90		100.00		4.50	130.00	721.40
	2015年	95.50	506.40	0.50	115.50			96.00	621.90
	2016年	30.00	419.40	8.50	8.50			38.50	427.90
	2017年	41.00	443.00		2.50			41.00	445.50
	2018年	40.50	462.90	0.50	0.50			41.00	463.40

（续）

盟市	年度	人工种植		改良种植		飞播种植		合计种植	
		当年面积	保留面积	当年面积	保留面积	当年面积	保留面积	当年面积	保留面积
锡林郭勒盟	合计	195.31	574.81	27.63	68.89	25.00	181.25	247.94	824.95
	2009年	0.30	2.18	0.52	2.30		63.75	0.82	68.23
	2010年	1.75	3.65	0.30	4.35	10.00	68.00	12.05	76.00
	2011年	59.85	65.49	2.00	2.00		10.00	61.85	77.49
	2012年	43.23	49.23	0.40	2.90		3.50	43.63	55.63
	2013年	51.02	92.71	3.73	28.63	10.00	13.50	64.75	134.84
	2014年	6.46	55.20	1.53	5.83		11.50	7.99	72.53
	2015年	20.93	106.11	12.34	15.67	5.00	6.50	38.27	128.28
	2016年	4.00	70.67		0.10		1.50	4.00	72.27
	2017年	4.30	67.20	0.50	0.50		1.50	4.80	69.20
	2018年	3.47	62.37	6.31	6.61		1.50	9.78	70.48
兴安盟	合计	33.42	130.49	15.40	132.40		18.90	48.82	281.79
	2009年	2.00	27.00	7.50	60.00		6.30	9.50	93.30
	2010年	11.00	38.00	7.50	67.50		6.30	18.50	111.80
	2011年	5.80	27.80		4.50		6.30	5.80	38.60
	2012年	10.00	17.00					10.00	17.00
	2013年	4.62	11.27					4.62	11.27
	2014年		6.52						6.52
	2015年		2.90						2.90
	2018年			0.40	0.40			0.40	0.40

表 3-6 2009 年各盟市饲用灌木分种类种植情况

单位：万亩

盟市	灌木种类	人工种植		改良种植		飞播种植		合计种植	
		当年面积	保留面积	当年面积	保留面积	当年面积	保留面积	当年面积	保留面积
全区		223.08	1 231.82	266.82	822.85	117.00	848.85	606.90	2 903.52
阿拉善盟	合计			8.60	8.60			8.60	8.60
	梭梭			8.60	8.60			8.60	8.60
包头市	合计	2.08	25.25					2.08	25.25
	柠条	2.08	17.10					2.08	17.10
	其他饲用灌木		8.15						8.15
赤峰市	合计	5.80	59.00			31.00	214.80	36.80	273.80
	柠条	3.35	31.20			31.00	189.50	34.35	220.70
	沙蒿						25.30		25.30
	羊柴	2.45	20.40					2.45	20.40
	其他饲用灌木		7.40						7.40
鄂尔多斯市	合计	80.10	388.50	168.10	520.85	53.00	515.00	301.20	1 424.35
	柠条	48.20	244.00	148.85	497.80	2.00	293.00	199.05	1 034.80
	沙蒿		10.00	5.00	5.00	7.00	178.00	12.00	193.00
	羊柴	16.10	39.50	9.30	9.30	32.00	32.00	57.40	80.80
	其他饲用灌木	15.80	95.00	4.95	8.75	12.00	12.00	32.75	115.75
呼和浩特市	合计	3.00	214.80					3.00	214.80
	柠条	3.00	209.40					3.00	209.40

（续）

盟市	灌木种类	人工种植		改良种植		飞播种植		合计种植	
		当年面积	保留面积	当年面积	保留面积	当年面积	保留面积	当年面积	保留面积
呼和浩特市	羊柴		5.40						5.40
呼伦贝尔市	合计	4.80	5.17			28.00	38.00	32.80	43.17
	胡枝子	4.32	4.32					4.32	4.32
	柠条					15.00	21.00	15.00	21.00
	沙蒿						4.00		4.00
	羊柴					13.00	13.00	13.00	13.00
	其他饲用灌木	0.48	0.85					0.48	0.85
通辽市	合计	55.30	99.40	68.10	136.10	5.00	6.00	128.40	241.50
	柠条	48.30	83.60	63.10	131.10	5.00	6.00	116.40	220.70
	沙蒿	7.00	15.80	5.00	5.00			12.00	20.80
乌兰察布市	合计	69.70	410.52	14.00	95.00		5.00	83.70	510.52
	柠条	58.10	365.50	14.00	92.00		5.00	72.10	462.50
	羊柴	1.60	2.02					1.60	2.02
	其他饲用灌木	10.00	43.00		3.00			10.00	46.00
锡林郭勒盟	合计	0.30	2.18	0.52	2.30		63.75	0.82	68.23
	柠条		1.50				1.76		3.26
	沙蒿						2.38		2.38
	羊柴								
	其他饲用灌木	0.30	0.68	0.52	2.30		59.61	0.82	62.59
兴安盟	合计	2.00	27.00	7.50	60.00		6.30	9.50	93.30
	柠条	2.00	27.00	7.50	60.00		6.30	9.50	93.30

表 3-7　2010 年各盟市饲用灌木分种类种植情况

单位：万亩

盟市	灌木种类	人工种植		改良种植		飞播种植		合计种植	
		当年面积	保留面积	当年面积	保留面积	当年面积	保留面积	当年面积	保留面积
全区		260.95	1 082.51	223.90	929.10	17.00	740.30	501.85	2 751.91
阿拉善盟	合计	30.10	30.34	11.60	11.60			41.70	41.94
	沙蒿	4.60	4.60					4.60	4.60
	羊柴	2.00	2.24	3.00	3.00			5.00	5.24
	其他饲用灌木	23.50	23.50	8.60	8.60			32.10	32.10
包头市	合计	2.40	11.80					2.40	11.80
	柠条	2.40	11.80					2.40	11.80
赤峰市	合计	4.60	26.00			7.00	214.00	11.60	240.00
	柠条		1.00				157.00		158.00
	沙蒿					7.00	43.00	7.00	43.00
	羊柴	4.60	25.00				14.00	4.60	39.00
鄂尔多斯市	合计	27.30	361.45	99.30	552.95		419.00	126.60	1 333.40
	柠条	19.20	242.75	79.10	511.90		202.00	98.30	956.65
	沙蒿		10.00	3.00	8.00		175.00	3.00	193.00
	羊柴	8.10	44.70	14.00	23.30		32.00	22.10	100.00
	其他饲用灌木		64.00	3.20	9.75		10.00	3.20	83.75
呼伦贝尔市	合计	8.80	9.95				28.00	8.80	37.95
	胡枝子	8.20	8.80					8.20	8.80

（续）

盟市	灌木种类	人工种植		改良种植		飞播种植		合计种植	
		当年面积	保留面积	当年面积	保留面积	当年面积	保留面积	当年面积	保留面积
呼伦贝尔市	柠条						16.00		16.00
	沙蒿						2.00		2.00
	羊柴						10.00		10.00
	其他饲用灌木	0.60	1.15					0.60	1.15
通辽市	合计	81.30	146.50	96.00	195.50			177.30	342.00
	柠条	54.00	119.20	53.00	152.50			107.00	271.70
	其他饲用灌木	27.30	27.30	43.00	43.00			70.30	70.30
乌海市	合计	2.00	2.00					2.00	2.00
	柠条	2.00	2.00					2.00	2.00
乌兰察布市	合计	91.70	452.82	9.20	97.20		5.00	100.90	555.02
	柠条	80.70	407.10	8.00	94.00		5.00	88.70	506.10
	羊柴	1.50	2.02					1.50	2.02
	其他饲用灌木	9.50	43.70	1.20	3.20			10.70	46.90
锡林郭勒盟	合计	1.75	3.65	0.30	4.35	10.00	68.00	12.05	76.00
	沙蒿			0.05	0.05	2.70	4.20	2.75	4.25
	羊柴					6.30	6.30	6.30	6.30
	其他饲用灌木	1.75	3.65	0.25	4.30	1.00	57.50	3.00	65.45
兴安盟	合计	11.00	38.00	7.50	67.50		6.30	18.50	111.80
	柠条	11.00	38.00	7.50	67.50		6.30	18.50	111.80

表3-8　2011年各盟市饲用灌木分种类种植情况

单位：万亩

盟市	灌木种类	人工种植		改良种植		飞播种植		合计种植	
		当年面积	保留面积	当年面积	保留面积	当年面积	保留面积	当年面积	保留面积
全区		567.86	1 662.21	91.10	1 006.00	9.00	638.10	667.96	3 306.31
阿拉善盟	合计	76.03	76.03					76.03	76.03
	梭梭	76.03	76.03					76.03	76.03
巴彦淖尔市	合计	96.00	96.00					96.00	96.00
	柠条	90.00	90.00					90.00	90.00
	其他饲用灌木	6.00	6.00					6.00	6.00
包头市	合计	5.10	10.20	1.10	1.10			6.20	11.30
	柠条	5.00	10.00					5.00	10.00
	其他饲用灌木	0.10	0.20	1.10	1.10			1.20	1.30
赤峰市	合计	19.50	174.25		9.00	9.00	310.30	28.50	493.55
	柠条	18.50	147.50		9.00	1.40	109.00	19.90	265.50
	沙蒿					5.30	146.30	5.30	146.30
	羊柴	1.00	26.75			2.30	55.00	3.30	81.75
鄂尔多斯市	合计	149.42	520.10	78.00	830.90		306.50	227.42	1 657.50
	柠条	110.04	430.60	46.00	556.30		123.00	156.04	1 109.90
	沙蒿		2.00	7.50	116.80		113.50	7.50	232.30
	羊柴	39.38	75.50	24.50	157.80		70.00	63.88	303.30

（续）

盟市	灌木种类	人工种植		改良种植		飞播种植		合计种植	
		当年面积	保留面积	当年面积	保留面积	当年面积	保留面积	当年面积	保留面积
鄂尔多斯市	其他饲用灌木		12.00						12.00
呼伦贝尔市	合计	2.20	9.62					2.20	9.62
	胡枝子	2.00	4.32					2.00	4.32
	柠条	0.20	4.00					0.20	4.00
	其他饲用灌木		1.30						1.30
通辽市	合计	60.96	160.00		51.50			60.96	211.50
	柠条	53.00	152.04		51.50			53.00	203.54
	其他饲用灌木	7.96	7.96					7.96	7.96
乌兰察布市	合计	93.00	522.72	10.00	107.00		5.00	103.00	634.72
	柠条	86.50	499.65	10.00	104.00		5.00	96.50	608.65
	羊柴	3.50	6.02					3.50	6.02
	其他饲用灌木	3.00	17.05		3.00			3.00	20.05
锡林郭勒盟	合计	59.85	65.49	2.00	2.00		10.00	61.85	77.49
	柠条	39.44	39.44	2.00	2.00		5.50	41.44	46.94
	沙蒿	12.90	14.95				3.50	12.90	18.45
	羊柴	1.70	2.70				1.00	1.70	3.70
	其他饲用灌木	5.81	8.40					5.81	8.40
兴安盟	合计	5.80	27.80		4.50		6.30	5.80	38.60
	柠条	5.80	27.80		4.50		6.30	5.80	38.60

表 3-9 2012 年各盟市饲用灌木分种类种植情况

单位：万亩

盟度	灌木种类	人工种植		改良种植		飞播种植		合计种植	
		当年面积	保留面积	当年面积	保留面积	当年面积	保留面积	当年面积	保留面积
全区		559.05	1 738.24	94.00	1 062.58	7.50	583.90	660.55	3 384.72
阿拉善盟	合计	58.39	102.29					58.39	102.29
	沙蒿		3.50						3.50
	梭梭	58.00	98.33					58.00	98.33
	其他饲用灌木	0.39	0.46					0.39	0.46
巴彦淖尔市	合计	63.56	94.88					63.56	94.88
	柠条	63.56	94.88					63.56	94.88
包头市	合计	5.10	12.50	1.00	1.00			6.10	13.50
	柠条	5.10	12.50	1.00	1.00			6.10	13.50
赤峰市	合计	32.97	187.22	2.60	44.70	7.50	298.60	43.07	530.52
	柠条	27.97	157.97	2.60	2.60		141.30	30.57	301.87
	沙蒿	4.00	4.00		42.10	7.40	100.30	11.40	146.40
	羊柴	1.00	25.25			0.10	57.00	1.10	82.25
鄂尔多斯市	合计	170.55	513.71	50.00	809.02		276.80	220.55	1 599.53
	柠条	135.54	450.83	50.00	634.00		139.60	185.54	1 224.43
	沙蒿	21.55	23.55		120.72		111.60	21.55	255.87
	羊柴	13.46	39.33		54.30		25.60	13.46	119.23

（续）

盟市	灌木种类	人工种植		改良种植		飞播种植		合计种植	
		当年面积	保留面积	当年面积	保留面积	当年面积	保留面积	当年面积	保留面积
呼和浩特市	合计	20.50	35.50					20.50	35.50
	柠条	20.50	35.50					20.50	35.50
呼伦贝尔市	合计	1.60	5.60					1.60	5.60
	胡枝子	0.70	1.70					0.70	1.70
	其他饲用灌木	0.90	3.90					0.90	3.90
通辽市	合计	61.50	103.66	40.00	97.96			101.50	201.62
	柠条	61.50	103.66	40.00	97.96			101.50	201.62
乌海市	合计	1.65	3.28					1.65	3.28
	柠条	1.65	3.28					1.65	3.28
乌兰察布市	合计	90.00	613.37		107.00		5.00	90.00	725.37
	柠条	90.00	601.35		104.00		5.00	90.00	710.35
	羊柴		6.02						6.02
	其他饲用灌木		6.00		3.00				9.00
锡林郭勒盟	合计	43.23	49.23	0.40	2.90		3.50	43.63	55.63
	柠条	41.09	46.98	0.40	2.90		2.00	41.49	51.88
	沙蒿	2.00	2.05				1.50	2.00	3.55
	其他饲用灌木	0.14	0.20					0.14	0.20
兴安盟	合计	10.00	17.00					10.00	17.00
	柠条	10.00	17.00					10.00	17.00

表 3-10　2013 年各盟市饲用灌木分种类种植情况

单位：万亩

盟市	灌木种类	人工种植		改良种植		飞播种植		合计种植	
		当年面积	保留面积	当年面积	保留面积	当年面积	保留面积	当年面积	保留面积
全区		469.67	1 822.28	43.73	1 035.92	17.10	606.70	530.50	3 464.90
阿拉善盟	合计	48.49	79.19	5.00	15.00			53.49	94.19
	梭梭	33.00	58.00	5.00	15.00			38.00	73.00
	羊柴	15.00	20.70					15.00	20.70
	其他饲用灌木	0.49	0.49					0.49	0.49
巴彦淖尔市	合计	7.15	23.27					7.15	23.27
	柠条	7.15	23.27					7.15	23.27
包头市	合计	3.51	12.64					3.51	12.64
	柠条	3.51	12.64					3.51	12.64
赤峰市	合计	45.06	161.06		59.19	6.10	358.60	51.16	578.85
	柠条	44.56	135.56			2.00	199.30	46.56	334.86
	沙蒿				59.19	4.00	102.30	4.00	161.49
	羊柴	0.50	25.50			0.10	57.00	0.60	82.50
鄂尔多斯市	合计	129.45	619.57		747.10		229.10	129.45	1 595.77
	柠条	105.85	567.75		506.90		48.40	105.85	1 123.05
	沙蒿		2.00		95.72		95.60		193.32
	梭梭	2.10	2.10					2.10	2.10
	羊柴	21.50	35.70		144.48		85.10	21.50	265.28
	其他饲用灌木		12.02						12.02

（续）

盟市	灌木种类	人工种植		改良种植		飞播种植		合计种植	
		当年面积	保留面积	当年面积	保留面积	当年面积	保留面积	当年面积	保留面积
呼和浩特市	合计	27.98	49.01					27.98	49.01
	柠条	27.98	49.01					27.98	49.01
呼伦贝尔市	合计	7.20	8.60					7.20	8.60
	胡枝子		1.40						1.40
	柠条	4.05	4.05					4.05	4.05
	沙蒿	1.50	1.50					1.50	1.50
	羊柴	1.55	1.55					1.55	1.55
	其他饲用灌木	0.10	0.10					0.10	0.10
通辽市	合计	55.09	145.48	35.00	86.00	1.00	1.00	91.09	232.48
	柠条	55.09	145.48	35.00	86.00	1.00	1.00	91.09	232.48
乌海市	合计	0.10	1.68					0.10	1.68
	柠条	0.05	1.63					0.05	1.63
	羊柴	0.05	0.05					0.05	0.05
乌兰察布市	合计	90.00	617.80		100.00		4.50	90.00	722.30
	柠条	90.00	608.50		99.00		4.50	90.00	712.00
	羊柴		5.30						5.30
	其他饲用灌木		4.00		1.00				5.00
锡林郭勒盟	合计	51.02	92.71	3.73	28.63	10.00	13.50	64.75	134.84
	柠条	14.44	47.33	2.20	5.10		2.00	16.64	54.43
	沙蒿	0.40	0.55	0.10	0.40		1.50	0.50	2.45
	羊柴	1.58	1.58		1.70			1.58	3.28
	其他饲用灌木	34.60	43.24	1.43	21.43	10.00	10.00	46.03	74.67
兴安盟	合计	4.62	11.27					4.62	11.27
	柠条	4.62	11.27					4.62	11.27

表 3-11　2014 年各盟市饲用灌木分种类种植情况

单位：万亩

盟市	灌木种类	人工种植		改良种植		飞播种植		合计种植	
		当年面积	保留面积	当年面积	保留面积	当年面积	保留面积	当年面积	保留面积
全区		436.82	1 824.76	129.83	1 096.17	3.00	508.83	569.65	3 429.76
阿拉善盟	合计	52.08	64.28		5.00			52.08	69.28
	羊柴	8.00	15.00					8.00	15.00
	其他饲用灌木	44.08	49.28		5.00			44.08	54.28
巴彦淖尔市	合计	123.36	123.36					123.36	123.36
	其他饲用灌木	123.36	123.36					123.36	123.36
包头市	合计		12.64						12.64
	柠条		12.64						12.64
赤峰市	合计	29.96	166.61		5.00	3.00	265.50	32.96	437.11
	柠条	29.96	141.61			1.90	150.00	31.86	291.61
	沙蒿				2.00	0.90	72.50	0.90	74.50
	羊柴		25.00		3.00	0.20	43.00	0.20	71.00
鄂尔多斯市	合计	38.10	609.32	20.30	764.34		226.33	58.40	1 599.99
	柠条	34.60	564.30	13.00	519.90		46.39	47.60	1 130.59
	沙蒿		2.00		95.72		95.60		193.32
	羊柴	3.50	31.00	5.20	146.62		84.34	8.70	261.96
	其他饲用灌木		12.02	2.10	2.10			2.10	14.12
呼和浩特市	合计	19.15	65.15					19.15	65.15

（续）

盟市	灌木种类	人工种植		改良种植		飞播种植		合计种植	
		当年面积	保留面积	当年面积	保留面积	当年面积	保留面积	当年面积	保留面积
呼和浩特市	柠条	19.15	65.15					19.15	65.15
呼伦贝尔市	合计	4.67	13.99	50.00	50.00			54.67	63.99
	胡枝子	0.10	2.42					0.10	2.42
	柠条	3.00	7.50	50.00	50.00			53.00	57.50
	沙蒿	1.57	3.07					1.57	3.07
	羊柴		1.00						1.00
通辽市	合计	33.00	89.00	58.00	166.00		1.00	91.00	256.00
	柠条	33.00	89.00	58.00	166.00		1.00	91.00	256.00
乌海市	合计	0.05	1.78					0.05	1.78
	柠条	0.05	1.78					0.05	1.78
乌兰察布市	合计	130.00	616.90		100.00		4.50	130.00	721.40
	柠条	130.00	607.60		99.00		4.50	130.00	711.10
	羊柴		5.30						5.30
	其他饲用灌木		4.00		1.00				5.00
锡林郭勒盟	合计	6.46	55.20	1.53	5.83		11.50	7.99	72.53
	柠条	0.65	34.59	0.03	2.23			0.68	36.82
	沙蒿		1.95	0.07	0.47		1.50	0.07	3.92
	羊柴	0.30	1.85		1.70			0.30	3.55
	其他饲用灌木	5.51	16.81	1.43	1.43		10.00	6.94	28.24
兴安盟	合计		6.52						6.52
	柠条		6.52						6.52

表 3-12　2015 年各盟市饲用灌木分种类种植情况

单位：万亩

盟市	灌木种类	人工种植		改良种植		飞播种植		合计种植	
		当年面积	保留面积	当年面积	保留面积	当年面积	保留面积	当年面积	保留面积
全区		428.62	1 887.10	178.04	1 231.71	9.00	503.33	615.66	3 622.14
阿拉善盟	合计	68.29	109.05	22.00	27.00			90.29	136.05
	其他饲用灌木	68.29	109.05	22.00	27.00			90.29	136.05
巴彦淖尔市	合计	136.75	206.12					136.75	206.12
	柠条	136.75	206.12					136.75	206.12
包头市	合计	0.02	5.03					0.02	5.03
	柠条	0.02	5.03					0.02	5.03
赤峰市	合计	17.80	170.83			4.00	269.50	21.80	440.33
	柠条	17.30	146.83			2.70	152.70	20.00	299.53
	沙蒿					0.90	73.40	0.90	73.40
	羊柴	0.50	24.00			0.40	43.40	0.90	67.40
鄂尔多斯市	合计	18.90	551.10	95.50	859.84		226.33	114.40	1 637.27
	柠条	17.40	521.00	52.50	572.40		46.39	69.90	1 139.79
	沙蒿		1.00	40.00	135.72		95.60	40.00	232.32
	羊柴	1.50	20.50	3.00	149.62		84.34	4.50	254.46
	其他饲用灌木		8.60		2.10				10.70
呼和浩特市	合计	43.19	109.72					43.19	109.72
	柠条	43.19	109.72					43.19	109.72

（续）

盟市	灌木种类	人工种植		改良种植		飞播种植		合计种植	
		当年面积	保留面积	当年面积	保留面积	当年面积	保留面积	当年面积	保留面积
呼伦贝尔市	合计	1.15	5.75					1.15	5.75
	胡枝子	0.15	0.25					0.15	0.25
	柠条	0.50	3.50					0.50	3.50
	沙蒿		1.50						1.50
	羊柴	0.50	0.50					0.50	0.50
通辽市	合计	25.76	113.76	47.70	213.70		1.00	73.46	328.46
	柠条	25.76	113.76	47.70	213.70		1.00	73.46	328.46
乌海市	合计	0.33	0.33					0.33	0.33
	柠条	0.33	0.33					0.33	0.33
乌兰察布市	合计	95.50	506.40	0.50	115.50			96.00	621.90
	柠条	95.00	499.40		94.00			95.00	593.40
	羊柴		3.50						3.50
	其他饲用灌木	0.50	3.50	0.50	21.50			1.00	25.00
锡林郭勒盟	合计	20.93	106.11	12.34	15.67	5.00	6.50	38.27	128.28
	柠条	15.00	82.73	11.60	11.63			26.60	94.36
	沙蒿			0.15	0.32		1.50	0.15	1.82
	羊柴	0.38	3.25	0.05	1.75	5.00	5.00	5.43	10.00
	其他饲用灌木	5.55	20.13	0.54	1.97			6.09	22.10
兴安盟	合计		2.90						2.90
	柠条		2.90						2.90

表3-13　2016年各盟市饲用灌木分种类种植情况

单位：万亩

盟市	灌木种类	人工种植		改良种植		飞播种植		合计种植	
		当年面积	保留面积	当年面积	保留面积	当年面积	保留面积	当年面积	保留面积
全区		184.39	1 374.59	67.76	674.21	13.40	496.20	265.55	2 545.00
阿拉善盟	合计	71.06	112.56	43.00	98.15	3.70	8.50	117.76	219.21
	其他饲用灌木	71.06	112.56	43.00	98.15	3.70	8.50	117.76	219.21
巴彦淖尔市	合计			0.26	0.26			0.26	0.26
	柠条			0.26	0.26			0.26	0.26
赤峰市	合计		98.33	4.00	4.00	1.70	255.20	5.70	357.53
	柠条		86.33			0.80	142.00	0.80	228.33
	沙蒿			2.00	2.00	0.50	62.50	2.50	64.50
	羊柴		12.00	2.00	2.00	0.40	50.70	2.40	64.70
鄂尔多斯市	合计	49.80	532.30		546.70	8.00	231.00	57.80	1 310.00
	柠条	37.20	422.20		420.70	8.00	54.30	45.20	897.20
	沙蒿		1.00		61.50		92.60		155.10
	羊柴	12.60	100.60		64.50		84.10	12.60	249.20
	其他饲用灌木		8.50						8.50
呼和浩特市	合计	9.00	42.00					9.00	42.00
	柠条	9.00	42.00					9.00	42.00

（续）

盟市	灌木种类	人工种植		改良种植		飞播种植		合计种植	
		当年面积	保留面积	当年面积	保留面积	当年面积	保留面积	当年面积	保留面积
呼伦贝尔市	合计	0.23	0.33	12.00	16.50			12.23	16.83
	胡枝子	0.13	0.23					0.13	0.23
	柠条			6.00	9.00			6.00	9.00
	沙蒿			6.00	7.50			6.00	7.50
	其他饲用灌木	0.10	0.10					0.10	0.10
通辽市	合计	20.25	98.95					20.25	98.95
	柠条	20.25	98.95					20.25	98.95
乌海市	合计	0.05	0.05					0.05	0.05
	柠条	0.05	0.05					0.05	0.05
乌兰察布市	合计	30.00	419.40	8.50	8.50			38.50	427.90
	柠条	30.00	415.90	8.50	8.50			38.50	424.40
	羊柴		3.50						3.50
锡林郭勒盟	合计	4.00	70.67		0.10		1.50	4.00	72.27
	柠条		47.30						47.30
	沙蒿				0.10		1.50		1.60
	其他饲用灌木	4.00	23.37					4.00	23.37

表 3-14　2017 年各盟市饲用灌木分种类种植情况

单位：万亩

盟市	灌木种类	人工种植		改良种植		飞播种植		合计种植	
		当年面积	保留面积	当年面积	保留面积	当年面积	保留面积	当年面积	保留面积
全区		151.63	1 178.65	49.32	662.46	12.00	418.30	212.95	2 259.41
阿拉善盟	合计	83.70	165.52	35.00	113.14			118.70	278.66
	其他饲用灌木	83.70	165.52	35.00	113.14			118.70	278.66
赤峰市	合计					6.00	254.50	6.00	254.50
	柠条					6.00	142.00	6.00	142.00
	沙蒿						62.50		62.50
	羊柴						50.00		50.00
鄂尔多斯市	合计	22.30	501.00	13.70	546.20	6.00	162.30	42.00	1 209.50
	柠条	21.70	420.90	11.70	422.20		30.70	33.40	873.80
	沙蒿		1.00		60.00	3.90	65.70	3.90	126.70
	羊柴	0.60	70.60	2.00	64.00	2.10	65.90	4.70	200.50
	其他饲用灌木		8.50						8.50
呼伦贝尔市	合计	0.33	1.93	0.12	0.12			0.45	2.05
	柠条		1.00						1.00
	沙蒿		0.50						0.50
	其他饲用灌木	0.33	0.43	0.12	0.12			0.45	0.55
乌兰察布市	合计	41.00	443.00		2.50			41.00	445.50
	柠条	41.00	443.00		2.50			41.00	445.50
锡林郭勒盟	合计	4.30	67.20	0.50	0.50		1.50	4.80	69.20
	柠条	3.80	58.90	0.20	0.20			4.00	59.10
	沙蒿			0.30	0.30		1.50	0.30	1.80
	其他饲用灌木	0.50	8.30					0.50	8.30

表 3-15 2018 年各盟市饲用灌木分种类种植情况

单位：万亩

盟市	灌木种类	人工种植		改良种植		飞播种植		合计种植	
		当年面积	保留面积	当年面积	保留面积	当年面积	保留面积	当年面积	保留面积
全区		176.77	1 259.40	64.80	662.90	16.50	414.10	258.07	2 336.40
阿拉善盟	合计	114.30	236.13	25.00	97.60			139.30	333.73
	梭梭	114.30	236.13	25.00	97.60			139.30	333.73
赤峰市	合计					3.50	244.50	3.50	244.50
	柠条					1.50	132.00	1.50	132.00
	沙蒿					0.50	62.50	0.50	62.50
	羊柴					1.50	50.00	1.50	50.00
鄂尔多斯市	合计	18.30	494.20	18.09	537.29	13.00	168.10	49.39	1 199.59
	柠条	18.30	422.70	13.29	429.99	2.50	33.00	34.09	885.69
	沙蒿		1.00		42.50	7.50	71.30	7.50	114.80
	羊柴		70.50	4.80	64.80	3.00	63.80	7.80	199.10
呼和浩特市	合计		2.00						2.00
	羊柴		2.00						2.00
呼伦贝尔市	合计		1.60	14.50	20.50			14.50	22.10
	柠条		1.00	13.00	15.00			13.00	16.00

（续）

盟市	灌木种类	人工种植		改良种植		飞播种植		合计种植	
		当年面积	保留面积	当年面积	保留面积	当年面积	保留面积	当年面积	保留面积
呼伦贝尔市	沙蒿		0.50	1.50	5.50			1.50	6.00
	其他饲用灌木		0.10						0.10
乌海市	合计	0.20	0.20					0.20	0.20
	柠条	0.20	0.20					0.20	0.20
乌兰察布市	合计	40.50	462.90	0.50	0.50			41.00	463.40
	柠条	40.00	462.40	0.50	0.50			40.50	462.90
	其他饲用灌木	0.50	0.50					0.50	0.50
锡林郭勒盟	合计	3.47	62.37	6.31	6.61		1.50	9.78	70.48
	柠条	0.20	49.10					0.20	49.10
	沙蒿			0.61	0.91		1.50	0.61	2.41
	羊柴	2.00	12.00					2.00	12.00
	其他饲用灌木	1.27	1.27	5.70	5.70			6.97	6.97
兴安盟	合计			0.40	0.40			0.40	0.40
	其他饲用灌木			0.40	0.40			0.40	0.40

四、一年生牧草生产情况

NEIMENGGU CAOYE TONGJI
(2009—2018)

表 4-1　2009—2018 各盟市一年生牧草种植面积

单位：万亩

盟市	2009 年	2010 年	2011 年	2012 年	2013 年	2014 年	2015 年	2016 年	2017 年	2018 年
全区	1 831.17	1 806.05	1 729.32	1 812.66	1 976.84	2 322.13	2 362.23	2 185.75	2 212.96	2 331.81
阿拉善盟	31.10	31.15	17.76	15.26	20.80	1.33	28.71	16.50	35.70	31.92
巴彦淖尔市	216.00	268.60	99.88	86.91	110.10	376.58	386.57	258.39	264.93	270.29
包头市	125.16	55.16	71.08	81.88	140.82	177.13	190.85	132.90	108.10	86.15
赤峰市	141.60	141.30	221.08	248.08	258.97	270.47	288.00	220.70	212.00	249.00
鄂尔多斯市	151.99	128.11	167.61	171.27	165.79	177.32	123.49	174.00	135.30	181.00
呼和浩特市	206.31	196.85	151.40	140.22	155.53	200.60	228.45	203.70	141.03	194.71
呼伦贝尔市	194.63	165.12	141.90	131.65	143.32	149.25	149.86	155.50	161.30	185.52
通辽市	223.31	226.00	231.40	279.80	327.46	354.00	426.70	468.00	521.90	569.99
乌海市	10.27	0.45	2.30	2.30	2.30	3.40	2.03		0.10	0.13
乌兰察布市	221.10	279.20	345.71	347.00	312.90	291.80	260.12	308.00	240.70	200.10
锡林郭勒盟	98.60	99.52	125.76	127.78	144.64	126.80	128.52	123.86	142.85	124.79
兴安盟	211.10	214.59	153.45	180.50	194.21	193.44	148.93	124.20	249.05	238.20

表 4-2 2009—2018 全区一年生牧草分种类种植面积

单位：万亩

牧草种类	2009 年	2010 年	2011 年	2012 年	2013 年	2014 年	2015 年	2016 年	2017 年	2018 年
合计	1 831.17	1 806.05	1 729.32	1 812.66	1 976.84	2 322.13	2 362.23	2 185.75	2 212.96	2 331.81
稗	0.50	1.30	0.96	0.15	0.15	0.11	0.15			
草谷子	101.48	108.52	134.41	137.15	136.30	103.26	144.04	107.78	76.14	64.04
草木樨	59.63	30.40	51.38	48.17	31.95	20.91	10.80	5.80	6.80	3.10
大麦	21.70	12.10	22.60	15.95	29.02	22.12	9.05	18.97	8.90	23.33
高粱—苏丹草杂交种	6.58	7.44	8.95	16.60	7.25	1.10	1.08	6.27		
谷稗	10.30	11.00	1.30	0.32	0.20	0.54	0.81			
虎尾草										3.00
箭筈豌豆	5.92	14.25	19.05	15.37	16.20	13.85	22.73	13.00	5.00	
苦荬菜	1.76	1.30	1.90	0.26	0.26	0.25	0.30	0.04	0.04	0.18
毛苕子（非绿肥）	0.30		1.80		0.30					
墨西哥类玉米	12.10	23.50	7.00						93.24	431.56
青莜麦	35.42	81.04	152.10	116.52	126.59	138.90	196.45	164.52	121.67	114.39
青饲、青贮高粱	13.80		39.10	95.49	99.49	68.75	81.90	18.94	6.45	11.62
青饲、青贮玉米	1 351.34	1 355.51	1 108.58	1 200.24	1 347.51	1 463.80	1 708.57	1 374.59	1 442.48	1 356.42
山黧豆	0.10	1.00	3.00							
饲用块根块茎作物	150.02	95.94	93.53	89.53	65.36	70.26	69.51	49.70	63.90	30.63
苏丹草	7.05	8.95	14.72	22.48	15.51	7.44	0.75	0.65	3.01	0.25
小黑麦					3.00					
燕麦	11.20	18.80	17.81	8.12	16.07	34.65	27.13	81.38	131.55	120.38
籽粒苋	2.40	1.75	3.10	0.36	0.22	0.30	0.46	0.30	0.40	0.52
其他一年生牧草	39.57	33.24	48.03	45.95	81.46	375.89	88.50	343.81	253.38	172.39

表4-3 2009—2018各经济类型地区一年生牧草分种类种植面积

单位：万亩

经济类型地区	牧草种类	2009年	2010年	2011年	2012年	2013年	2014年	2015年	2016年	2017年	2018年
全区		1 831.17	1 806.05	1 729.32	1 812.66	1 976.84	2 322.13	2 362.23	2 185.75	2 212.96	2 331.81
牧区	合计	569.90	549.76	593.14	695.35	738.85	794.94	820.82	749.38	841.58	928.35
	草谷子	65.86	56.95	51.51	59.20	61.56	42.49	41.01	28.48	20.94	22.54
	草木樨	40.10	11.20	31.68	29.92	17.65	10.61	0.50		1.00	
	大麦	9.50	2.00	2.00	4.85	14.82	12.67	3.15	4.80	8.40	11.50
	高粱—苏丹草杂交种		0.20	1.50	2.87	5.25					
	谷稗	4.10	4.70	0.76							
	箭筈豌豆	0.50	4.00	2.40	1.00	1.00	2.00	2.00			
	墨西哥类玉米									49.24	126.29
	青莜麦	4.05	19.41	32.38	20.92	25.29	37.62	38.34	29.42	26.27	18.99
	青饲、青贮高粱	11.00		0.10	44.94	30.11	23.75	46.40	13.00		0.07
	青饲、青贮玉米	396.26	404.92	435.83	486.29	534.42	561.49	640.53	560.09	608.38	598.15
	饲用块根块茎作物	13.75	19.90	16.80	11.30	7.30	11.16	6.66	2.00	8.00	5.00
	苏丹草	2.60	2.80	1.21	12.48	7.01	0.23			2.86	0.15
	小黑麦					3.00					
	燕麦	5.60	5.20	7.26	1.50	5.20	19.04	15.42	34.29	48.52	52.95
	其他一年生牧草	16.57	18.47	9.71	20.09	26.25	73.89	26.81	77.30	67.97	92.71
半牧区	合计	541.69	562.95	488.69	529.04	585.16	743.37	733.98	692.38	716.00	748.83
	稗	0.50	1.20	0.96	0.15	0.15	0.11	0.10			
	草谷子	8.70	11.60	41.20	48.80	30.78	28.77	33.90	16.80	18.20	10.50

（续）

经济类型地区	牧草种类	2009 年	2010 年	2011 年	2012 年	2013 年	2014 年	2015 年	2016 年	2017 年	2018 年
半牧区	草木樨	14.80	16.10	15.60	15.75	13.80	9.80	9.60	5.80	5.80	3.10
	大麦	2.00	4.00	3.00	7.00	3.20	4.00	5.90	4.70	0.50	
	高粱—苏丹草杂交种	1.81	1.75	2.86	12.73	0.70	0.96	0.29	0.07		
	谷稗	6.20	6.30	0.54	0.32	0.20	0.54	0.81			
	箭筈豌豆	1.40	2.20	8.15	5.17	4.00	6.15	2.23			
	苦荬菜	1.66	1.30	1.90	0.26	0.26	0.25	0.30	0.04	0.04	0.18
	毛苕子（非绿肥）	0.30				0.30					
	墨西哥类玉米										133.00
	青莜麦	5.80	18.00	41.60	35.60	38.10	34.78	59.99	23.60	35.00	30.00
	青饲、青贮高粱				50.55	69.38	35.00	26.00	5.30	5.05	10.00
	青饲、青贮玉米	435.24	455.00	319.93	322.44	366.50	441.44	529.04	516.96	535.75	492.10
	山黧豆	0.10	1.00	3.00							
	饲用块根块茎作物	56.83	27.10	16.19	9.73	9.00	17.60	19.15	11.20	5.00	1.00
	苏丹草	1.55	3.55	8.20	9.00	8.50	7.16	0.60	0.55	0.05	
	燕麦	2.30	7.10	4.60	3.62	9.57	12.81	8.81	25.00	42.60	40.29
	籽粒苋	2.40	1.75	3.10	0.36	0.22	0.30	0.46			
	其他一年生牧草	0.10	5.00	17.86	7.56	30.50	143.70	36.81	82.36	68.01	28.66
其他	合计	719.59	693.34	647.49	588.26	652.83	783.82	807.42	743.99	655.38	654.63
	稗		0.10					0.05			
	草谷子	26.92	39.97	41.70	29.15	43.96	32.00	69.13	62.50	37.00	31.00
	草木樨	4.73	3.10	4.10	2.50	0.50	0.50	0.70			
	大麦	10.20	6.10	17.60	4.10	11.00	5.45		9.47		11.83
	高粱—苏丹草杂交种	4.77	5.49	4.59	1.00	1.30	0.14	0.80	6.20		

（续）

经济类型地区	牧草种类	2009 年	2010 年	2011 年	2012 年	2013 年	2014 年	2015 年	2016 年	2017 年	2018 年
其他	虎尾草										3.00
	箭筈豌豆	4.02	8.05	8.50	9.20	11.20	5.70	18.50	13.00	5.00	
	苦荬菜	0.10									
	毛苕子（非绿肥）			1.80							
	墨西哥类玉米	12.10	23.50	7.00						44.00	172.27
	青莜麦	25.57	43.63	78.12	60.00	63.20	66.50	98.12	111.50	60.40	65.40
	青饲、青贮高粱	2.80		39.00			10.00	9.50	0.64	1.40	1.55
	青饲、青贮玉米	519.84	495.59	352.82	391.51	446.59	460.88	539.01	297.54	298.35	266.17
	饲用块根块茎作物	79.44	48.94	60.54	68.50	49.06	41.50	43.70	36.50	50.90	24.63
	苏丹草	2.90	2.60	5.31	1.00		0.05	0.15	0.10	0.10	0.10
	燕麦	3.30	6.50	5.95	3.00	1.30	2.80	2.90	22.09	40.43	27.14
	籽粒苋								0.30	0.40	0.52
	其他一年生牧草	22.90	9.77	20.46	18.30	24.71	158.30	24.88	184.15	117.40	51.02

表 4-4　2009—2018 各盟市一年生牧草分种类种植面积

单位：万亩

盟市	牧草种类	2009 年	2010 年	2011 年	2012 年	2013 年	2014 年	2015 年	2016 年	2017 年	2018 年
全区		1 831.17	1 806.05	1 729.32	1 812.66	1 976.84	2 322.13	2 362.23	2 185.75	2 212.96	2 331.81
阿拉善盟	合计	31.10	31.15	17.76	15.26	20.80	1.33	28.71	16.50	35.70	31.92
	草谷子		0.05	2.70	0.54	0.14	0.04			2.20	
	高粱—苏丹草杂交种			0.30							
	墨西哥类玉米										27.41
	青饲、青贮高粱			0.10	0.06		0.01				0.07
	青饲、青贮玉米	16.40	16.40	13.86	11.57	16.60	0.30	28.13		7.35	4.44
	苏丹草			0.10	2.00	2.00				2.86	
	燕麦									0.25	
	其他一年生牧草	14.70	14.70	0.70	1.10	2.06	0.99	0.58	16.50	23.04	
巴彦淖尔市	合计	216.00	268.60	99.88	86.91	110.10	376.58	386.57	258.39	264.93	270.29
	稗							0.05			
	草谷子						6.00	4.58	3.92		
	高粱—苏丹草杂交种							0.05	0.02		
	墨西哥类玉米									43.24	225.99
	青饲、青贮高粱								0.03	0.40	1.05
	青饲、青贮玉米	210.00	261.00	99.88	72.50	88.97	52.56	305.95	31.22	38.29	35.24
	饲用块根块茎作物	6.00	7.60					33.50	3.60		
	苏丹草						0.13	0.10			
	燕麦									0.30	1.03

（续）

盟市	牧草种类	2009 年	2010 年	2011 年	2012 年	2013 年	2014 年	2015 年	2016 年	2017 年	2018 年
巴彦淖尔市	籽粒苋									0.40	0.52
	其他一年生牧草				14.41	21.14	317.90	42.35	219.60	182.30	6.46
包头市	合计	125.16	55.16	71.08	81.88	140.82	177.13	190.85	132.90	108.10	86.15
	草谷子	7.62	1.48	7.95	6.47	5.69	13.70	16.30	10.30	10.00	18.90
	草木樨	0.98	0.10	0.10							
	大麦				0.25	0.11	0.31				
	高粱—苏丹草杂交种	3.05	5.35	4.47	1.00	1.30	0.14	0.77	6.20		
	箭筈豌豆	0.72	0.15	2.90	1.50						
	毛苕子（非绿肥）			1.80							
	墨西哥类玉米									12.00	19.35
	青莜麦	3.32	3.03	3.75	7.12	7.00	10.00	13.25	10.20	9.00	16.40
	青饲、青贮高粱									1.00	0.50
	青饲、青贮玉米	102.25	36.65	42.91	60.64	116.62	137.19	154.91	53.40	66.90	26.90
	饲用块根块茎作物	5.54	2.30	4.40			2.00	3.40	2.60	1.50	2.10
	苏丹草	0.32		0.20				0.15	0.10	0.10	0.10
	燕麦			2.40			2.00	2.00	2.30	1.70	1.90
	其他一年生牧草	1.37	6.09	0.20	4.90	10.09	11.79	0.07	47.80	5.90	
赤峰市	合计	141.60	141.30	221.08	248.08	258.97	270.47	288.00	220.70	212.00	249.00
	草谷子	21.00	16.50	16.02	19.37	19.59	7.80	4.00			
	草木樨	13.30	3.80	2.00	5.00	5.00					
	高粱—苏丹草杂交种		0.20	1.20	2.87	2.25					
	箭筈豌豆	1.00	4.00	2.40					4.00		

（续）

盟市	牧草种类	2009年	2010年	2011年	2012年	2013年	2014年	2015年	2016年	2017年	2018年
赤峰市	青莜麦		17.80	28.60	14.20	13.40	13.00	11.32	2.00	5.00	
	青饲、青贮高粱	3.00		14.00	46.92	59.11	23.74	76.90	0.30		
	青饲、青贮玉米	102.50	93.50	155.08	147.55	150.37	208.70	187.28	191.70	186.00	92.20
	饲用块根块茎作物	0.20	0.50								
	苏丹草	0.60	1.30	0.78	12.17	6.85	3.53		0.30		
	燕麦					2.40	13.70	8.50	22.40	21.00	23.00
	其他一年生牧草		3.70	1.00							133.80
鄂尔多斯市	合计	151.99	128.11	167.61	171.27	165.79	177.32	123.49	174.00	135.30	181.00
	草谷子		1.40	1.70	1.70	0.80	2.50	2.80	2.50	2.50	2.50
	草木樨	39.30	18.50	37.43	34.67	23.15	18.41	7.10	5.80	6.80	3.10
	高粱—苏丹草杂交种	0.10	0.10	0.50	0.50	0.30	0.20	0.10	0.05		
	箭筈豌豆	0.10									
	墨西哥类玉米										72.51
	青饲、青贮高粱				7.05				10.00	0.05	
	青饲、青贮玉米	103.34	99.86	118.74	121.09	136.88	152.40	109.78	130.80	96.62	101.39
	饲用块根块茎作物	7.00	6.70	7.40	4.70	4.20	3.31	3.11	0.40	0.70	
	苏丹草	2.05	1.55	0.38	0.31	0.16	0.20		0.05	0.05	
	燕麦			0.15	0.15	0.10	0.10	0.60	1.40	3.78	1.50
	其他一年生牧草	0.10		1.30	1.10	0.20	0.20		23.00	24.80	
呼和浩特市	合计	206.31	196.85	151.40	140.22	155.53	200.60	228.45	203.70	141.03	194.71
	草谷子	5.95	27.97	19.00	12.85	21.76	9.00	54.00	44.00	22.00	15.50
	草木樨	0.90									

（续）

盟市	牧草种类	2009 年	2010 年	2011 年	2012 年	2013 年	2014 年	2015 年	2016 年	2017 年	2018 年
呼和浩特市	大麦	2.50									
	高粱—苏丹草杂交种	1.22									
	箭筈豌豆	0.80	3.70		6.00	8.00	5.00	18.00	9.00	5.00	
	苦荬菜	0.10									
	青莜麦	3.15	20.00	25.72	16.00	14.00	13.00	60.00	55.00	24.40	20.00
	青饲、青贮高粱	0.30							0.61		
	青饲、青贮玉米	138.99	145.18	106.68	105.37	111.77	162.55	86.45	84.50	81.60	123.00
	饲用块根块茎作物	36.00									
	苏丹草						0.05				
	燕麦								10.29	8.03	12.41
	籽粒苋								0.30		
	其他一年生牧草	16.40					11.00	10.00			23.80
呼伦贝尔市	合计	194.63	165.12	141.90	131.65	143.32	149.25	149.86	155.50	161.30	185.52
	稗	0.50	1.30	0.96	0.15	0.15	0.11	0.10			
	草谷子	10.00	5.90	7.57	5.20	9.30	9.41	6.50	5.90	7.40	4.40
	草木樨	1.30	3.00	3.85							
	大麦	8.00	4.10	4.10	5.70	3.30	1.81		11.27	5.40	14.33
	高粱—苏丹草杂交种	1.66	1.15	2.36	0.23	0.40	0.26	0.17			
	谷稗	4.90	5.00	0.54	0.32	0.20	0.54	0.81			
	箭筈豌豆	0.30	0.20	0.15	0.17		0.15	0.23			
	苦荬菜	1.66	1.30	1.90	0.26	0.26	0.25	0.30	0.04	0.04	0.18
	墨西哥类玉米										41.00
	青莜麦						1.00	4.00	5.00		

（续）

盟市	牧草种类	2009 年	2010 年	2011 年	2012 年	2013 年	2014 年	2015 年	2016 年	2017 年	2018 年
呼伦贝尔市	青饲、青贮玉米	93.61	100.58	89.35	96.91	107.46	118.09	122.46	126.73	112.90	103.89
	饲用块根块茎作物	60.95	32.34	23.09	18.33	15.76	14.75	10.85	5.30	16.20	10.00
	苏丹草	1.45	0.50	1.15							0.10
	燕麦	7.90	7.40	0.92	1.97	2.27	0.78	1.88	0.80	19.10	10.76
	籽粒苋	2.40	1.75	3.10	0.36	0.22	0.30	0.46			
	其他一年生牧草		0.60	2.86	2.05	4.00	1.80	2.10	0.46	0.26	0.86
通辽市	合计	223.31	226.00	231.40	279.80	327.46	354.00	426.70	468.00	521.90	569.99
	青饲、青贮高粱	10.50			15.00	5.00					
	青饲、青贮玉米	212.81	223.00	231.40	264.80	322.46	354.00	426.70	468.00	511.50	565.06
	燕麦									10.40	4.93
	其他一年生牧草		3.00								
乌海市	合计	10.27	0.45	2.30	2.30	2.30	3.40	2.03		0.10	0.13
	草谷子	0.54									
	草木樨	0.35									
	墨西哥类玉米										0.13
	青饲、青贮玉米	8.90	0.45	2.30	2.30	2.30	3.40	2.03		0.10	
	苏丹草	0.48									
乌兰察布市	合计	221.10	279.20	345.71	347.00	312.90	291.80	260.12	308.00	240.70	200.10
	草谷子	9.90	14.80	34.30	34.30	31.50	30.20	39.00	25.20	16.50	14.00
	草木樨	3.50	5.00	8.00	8.50	3.80	2.50	3.50			
	大麦	6.50	8.00	18.50	10.00	12.00	9.50	5.90	7.70	3.50	2.00
	虎尾草										3.00

（续）

盟市	牧草种类	2009 年	2010 年	2011 年	2012 年	2013 年	2014 年	2015 年	2016 年	2017 年	2018 年
乌兰察布市	箭筈豌豆	3.00	6.20	13.60	7.70	8.20	8.70	4.50			
	毛苕子（非绿肥）	0.30				0.30					
	墨西哥类玉米	12.00	23.50	7.00						23.00	29.00
	青莜麦	18.90	25.60	71.10	58.50	49.20	52.50	56.32	57.00	31.00	40.00
	青饲、青贮高粱						3.00		3.00		
	青饲、青贮玉米	133.90	150.00	98.98	132.50	126.30	100.50	115.00	144.25	95.50	72.60
	山黧豆	0.10	1.00	3.00							
	饲用块根块茎作物	22.80	34.30	53.53	62.50	41.60	45.80	11.80	37.80	34.00	17.00
	苏丹草	1.90	4.50	10.00	8.00	4.00	3.00				
	燕麦	1.30	1.30	4.50	6.00	4.00	4.50	1.20	24.50	31.20	20.50
	其他一年生牧草	7.00	5.00	23.20	19.00	32.00	31.60	22.90	8.55	6.00	2.00
锡林郭勒盟	合计	98.60	99.52	125.76	127.78	144.64	126.80	128.52	123.86	142.85	124.79
	草谷子	8.07	6.82	16.45	22.72	27.43	9.13	4.66	4.97	4.54	2.74
	草木樨							0.20			
	大麦	4.50				2.41	7.50	0.15			
	谷稗			0.76							
	墨西哥类玉米									15.00	16.17
	青莜麦	10.05	14.61	22.93	20.70	42.99	49.40	51.57	35.32	52.27	37.99
	青饲、青贮高粱			25.00	3.96						
	青饲、青贮玉米	72.65	72.89	49.41	73.51	67.91	52.12	54.08	42.98	56.67	56.30
	饲用块根块茎作物	3.33	5.10	5.00	4.00	3.80	4.40	2.85			
	苏丹草						0.03				0.05

（续）

盟市	牧草种类	2009年	2010年	2011年	2012年	2013年	2014年	2015年	2016年	2017年	2018年
锡林郭勒盟	燕麦						4.21	5.02	12.69	8.79	6.55
	其他一年生牧草		0.10	6.21	2.89	0.10		10.00	27.90	5.58	5.00
兴安盟	合计	211.10	214.59	153.45	180.50	194.21	193.44	148.93	124.20	249.05	238.20
	草谷子	38.40	33.60	28.71	34.00	20.08	15.48	12.20	11.00	11.00	6.00
	大麦	0.20				11.20	3.00	3.00			7.00
	高粱—苏丹草杂交种	0.55	0.64	0.12	12.00	3.00	0.50				
	谷稗	5.40	6.00								
	墨西哥类玉米	0.10									
	青饲、青贮高粱				22.50	35.38	42.00	5.00	5.00	5.00	10.00
	青饲、青贮玉米	156.00	156.00	100.00	111.50	99.87	122.00	115.80	101.00	189.05	175.40
	饲用块根块茎作物	8.20	7.10	0.11				4.00		11.50	1.53
	苏丹草	0.25	1.10	2.11		2.50	0.50	0.50	0.20		
	小黑麦					3.00					
	燕麦	2.00	10.10	9.84		7.30	9.36	7.93	7.00	27.00	37.80
	其他一年生牧草		0.05	12.56	0.50	11.88	0.60	0.50		5.50	0.47

表 4－5　2009 年各盟市一年生牧草分种类生产情况

盟市	牧草种类	当年种植面积/万亩	单位面积产量/（千克/亩）	总产量/吨	青贮量/吨
全区		1 831.17	1 575.94	28 858 193.00	28 633 359.21
阿拉善盟	合计	31.10	894.86	278 300.00	90 400.00
	青饲、青贮玉米	16.40	800.61	131 300.00	83 050.00
	其他一年生牧草	14.70	1 000.00	147 000.00	7 350.00
巴彦淖尔市	合计	216.00	1 469.44	3 174 000.00	2 440 000.00
	青饲、青贮玉米	210.00	1 500.00	3 150 000.00	2 440 000.00
	饲用块根块茎作物	6.00	400.00	24 000.00	
包头市	合计	125.16	1 932.75	2 419 016.90	1 445 189.50
	草谷子	7.62	750.37	57 197.25	
	草木樨	0.98	1 000.00	9 800.00	
	高粱—苏丹草杂交种	3.05	3 000.00	91 500.00	
	箭筈豌豆	0.72	500.00	3 600.00	
	青莜麦	3.32	500.00	16 600.00	
	青饲、青贮玉米	102.25	2 056.38	2 102 565.50	1 445 189.50
	饲用块根块茎作物	5.54	2 409.75	133 500.00	
	苏丹草	0.32	700.00	2 205.00	
	其他一年生牧草	1.37	150.00	2 049.15	
赤峰市	合计	141.60	859.73	1 217 380.00	5 008 104.00
	草谷子	21.00	280.48	58 900.00	
	草木樨	13.30	282.18	37 530.00	

（续）

盟市	牧草种类	当年种植面积/万亩	单位面积产量/（千克/亩）	总产量/吨	青贮量/吨
赤峰市	箭筈豌豆	1.00	275.00	2 750.00	
	青饲、青贮高粱	3.00	1 100.00	33 000.00	700 000.00
	青饲、青贮玉米	102.50	1 048.59	1 074 800.00	4 308 104.00
	饲用块根块茎作物	0.20	700.00	1 400.00	
	苏丹草	0.60	1 500.00	9 000.00	
鄂尔多斯市	合计	151.99	2 162.08	3 286 140.00	5 368 700.00
	草木樨	39.30	339.67	133 490.00	
	高粱—苏丹草杂交种	0.10	3 000.00	3 000.00	
	箭筈豌豆	0.10	1 000.00	1 000.00	
	青饲、青贮玉米	103.34	3 000.00	3 100 200.00	5 368 700.00
	饲用块根块茎作物	7.00	597.14	41 800.00	
	苏丹草	2.05	178.05	3 650.00	
	其他一年生牧草	0.10	3 000.00	3 000.00	
呼和浩特市	合计	206.31	2 398.12	4 947 555.00	3 163 500.00
	草谷子	5.95	584.03	34 750.00	
	草木樨	0.90	216.67	1 950.00	
	大麦	2.50	100.00	2 500.00	
	高粱—苏丹草杂交种	1.22	3 000.00	36 600.00	
	箭筈豌豆	0.80	170.00	1 360.00	
	苦荬菜	0.10	90.00	90.00	
	青莜麦	3.15	146.19	4 605.00	
	青饲、青贮高粱	0.30	300.00	900.00	

（续）

盟市	牧草种类	当年种植面积/万亩	单位面积产量/（千克/亩）	总产量/吨	青贮量/吨
呼和浩特市	青饲、青贮玉米	138.99	2 906.18	4 039 300.00	3 163 500.00
	饲用块根块茎作物	36.00	1 600.00	576 000.00	
	其他一年生牧草	16.40	1 521.34	249 500.00	
呼伦贝尔市	合计	194.63	1 830.23	3 562 175.00	2 304 700.00
	稗	0.50	1 700.00	8 500.00	
	草谷子	10.00	261.00	26 100.00	
	草木樨	1.30	225.00	2 925.00	
	大麦	8.00	248.13	19 850.00	
	高粱—苏丹草杂交种	1.66	1 409.64	23 400.00	
	谷稗	4.90	249.80	12 240.00	
	箭筈豌豆	0.30	150.00	450.00	
	苦荬菜	1.66	2 683.73	44 550.00	
	青饲、青贮玉米	93.61	2 525.68	2 364 290.00	2 304 700.00
	饲用块根块茎作物	60.95	1 572.76	958 600.00	
	苏丹草	1.45	1 631.03	23 650.00	
	燕麦	7.90	319.24	25 220.00	
	籽粒苋	2.40	2 183.33	52 400.00	
通辽市	合计	223.31	1 766.87	3 945 600.00	3 781 000.00
	青饲、青贮高粱	10.50	1 161.90	122 000.00	30 000.00
	青饲、青贮玉米	212.81	1 796.72	3 823 600.00	3 751 000.00
乌海市	合计	10.27	765.53	78 620.00	50 812.00
	草谷子	0.54	492.59	2 660.00	

（续）

盟市	牧草种类	当年种植面积/万亩	单位面积产量/（千克/亩）	总产量/吨	青贮量/吨
乌海市	草木樨	0.35	314.29	1 100.00	
	青饲、青贮玉米	8.90	800.00	71 200.00	50 600.00
	苏丹草	0.48	762.50	3 660.00	212.00
乌兰察布市	合计	221.10	801.98	1 773 180.00	1 952 250.00
	草谷子	9.90	234.39	23 205.00	22 650.00
	草木樨	3.50	274.29	9 600.00	2 200.00
	大麦	6.50	1 335.23	86 790.00	
	箭筈豌豆	3.00	146.67	4 400.00	2 100.00
	毛苕子（非绿肥）	0.30	150.00	450.00	
	墨西哥类玉米	12.00	700.00	84 000.00	
	青莜麦	18.90	238.73	45 120.00	17 100.00
	青饲、青贮玉米	133.90	949.26	1 271 060.00	1 887 200.00
	山黧豆	0.10	65.00	65.00	
	饲用块根块茎作物	22.80	909.21	207 300.00	20 745.00
	苏丹草	1.90	1 500.00	28 500.00	
	燕麦	1.30	80.00	1 040.00	240.00
	其他一年生牧草	7.00	166.43	11 650.00	15.00
锡林郭勒盟	合计	98.60	624.26	615 526.67	1 320 003.71
	草谷子	8.07	210.26	16 968.00	
	大麦	4.50	200.00	9 000.00	
	青莜麦	10.05	582.89	58 580.00	
	青饲、青贮玉米	72.65	675.86	491 002.67	1 320 003.71
	饲用块根块茎作物	3.33	1 200.00	39 960.00	

（续）

盟市	牧草种类	当年种植面积/万亩	单位面积产量/（千克/亩）	总产量/吨	青贮量/吨
锡林郭勒盟	苏丹草		1 000.00	10.00	
	小黑麦		300.00	6.00	
兴安盟	合计	211.10	1 686.74	3 560 700.00	1 708 700.00
	草谷子	38.40	331.88	127 440.00	
	大麦	0.20	1 500.00	3 000.00	
	高粱—苏丹草杂交种	0.55	2 772.73	15 250.00	100.00
	谷稗	5.40	165.00	8 910.00	
	墨西哥类玉米	0.10	2 000.00	2 000.00	
	青饲、青贮玉米	156.00	2 076.92	3 240 000.00	1 705 000.00
	饲用块根块茎作物	8.20	1 639.02	134 400.00	
	苏丹草	0.25	2 480.00	6 200.00	100.00
	燕麦	2.00	1 175.00	23 500.00	3 500.00

表 4-6　2010 年各盟市一年生牧草分种类生产情况

盟市	牧草种类	当年种植面积/万亩	单位面积产量/（千克/亩）	总产量/吨	青贮量/吨
全区		1 806.05	1 683.60	30 453 423.90	24 853 932.59
阿拉善盟	合计	31.15	895.03	278 810.00	90 400.00
	草谷子	0.05	1 000.00	510.00	
	青饲、青贮玉米	16.40	800.61	131 300.00	83 050.00
	其他一年生牧草	14.70	1 000.00	147 000.00	7 350.00
巴彦淖尔市	合计	268.60	1 468.88	3 945 400.00	1 148 000.00
	青饲、青贮玉米	261.00	1 500.00	3 915 000.00	1 148 000.00
	饲用块根块茎作物	7.60	400.00	30 400.00	
包头市	合计	55.16	2 337.26	1 289 120.00	1 300 320.00
	草谷子	1.48	400.00	5 916.00	
	草木樨	0.10	50.00	50.00	
	高粱—苏丹草杂交种	5.35	1 189.91	63 660.00	
	箭筈豌豆	0.15	240.00	360.00	
	青莜麦	3.03	366.52	11 113.00	
	青饲、青贮玉米	36.65	3 000.00	1 099 536.00	1 300 320.00
	饲用块根块茎作物	2.30	2 999.13	69 040.00	
	其他一年生牧草	6.09	647.59	39 445.00	
赤峰市	合计	141.30	1 085.09	1 533 230.00	5 027 000.00
	草谷子	16.50	194.24	32 050.00	
	草木樨	3.80	42.11	1 600.00	

（续）

盟市	牧草种类	当年种植面积/万亩	单位面积产量/（千克/亩）	总产量/吨	青贮量/吨
赤峰市	高粱—苏丹草杂交种	0.20	1 500.00	3 000.00	
	箭筈豌豆	4.00	140.00	5 600.00	
	青莜麦	17.80	296.52	52 780.00	
	青饲、青贮玉米	93.50	1 461.18	1 366 200.00	5 027 000.00
	饲用块根块茎作物	0.50	1 600.00	8 000.00	
	苏丹草	1.30	1 590.00	20 670.00	
	其他一年生牧草	3.70	1 171.08	43 330.00	
鄂尔多斯市	合计	128.11	2 418.46	3 098 290.00	4 711 400.00
	草谷子	1.40	200.00	2 800.00	
	草木樨	18.50	343.46	63 540.00	
	高粱—苏丹草杂交种	0.10	3 000.00	3 000.00	
	青饲、青贮玉米	99.86	2 990.19	2 986 000.00	4 711 400.00
	饲用块根块茎作物	6.70	600.00	40 200.00	
	苏丹草	1.55	177.42	2 750.00	
呼和浩特市	合计	196.85	2 292.28	4 512 360.00	1 718 000.00
	草谷子	27.97	717.95	200 810.00	
	箭筈豌豆	3.70	350.00	12 950.00	
	青莜麦	20.00	220.00	44 000.00	
	青饲、青贮玉米	145.18	2 930.57	4 254 600.00	1 718 000.00
呼伦贝尔市	合计	165.12	2 200.67	3 633 750.00	2 025 000.00
	稗	1.30	1 676.92	21 800.00	
	草谷子	5.90	245.25	14 470.00	
	草木樨	3.00	270.00	8 100.00	

（续）

盟市	牧草种类	当年种植面积/万亩	单位面积产量/（千克/亩）	总产量/吨	青贮量/吨
呼伦贝尔市	大麦	4.10	300.00	12 300.00	2 025 000.00
	高粱—苏丹草杂交种	1.15	1 337.39	15 380.00	
	谷稗	5.00	224.80	11 240.00	
	箭筈豌豆	0.20	150.00	300.00	
	苦荬菜	1.30	1 423.08	18 500.00	
	青饲、青贮玉米	100.58	2 883.28	2 900 000.00	
	饲用块根块茎作物	32.34	1 710.14	553 060.00	
	苏丹草	0.50	1 200.00	6 000.00	
	燕麦	7.40	289.19	21 400.00	
	籽粒苋	1.75	2 240.00	39 200.00	
	其他一年生牧草	0.60	2 000.00	12 000.00	
通辽市	合计	226.00	2 101.77	4 750 000.00	4 065 000.00
	青饲、青贮玉米	223.00	2 109.87	4 705 000.00	4 065 000.00
	其他一年生牧草	3.00	1 500.00	45 000.00	
乌海市	合计	0.45	846.67	3 810.00	34 000.00
	青饲、青贮玉米	0.45	846.67	3 810.00	34 000.00
乌兰察布市	合计	279.20	849.63	2 372 165.00	2 401 620.00
	草谷子	14.80	247.33	36 605.00	22 650.00
	草木樨	5.00	284.00	14 200.00	2 200.00
	大麦	8.00	230.25	18 420.00	
	箭筈豌豆	6.20	126.29	7 830.00	2 100.00
	墨西哥类玉米	23.50	1 108.51	260 500.00	
	青莜麦	25.60	230.55	59 020.00	17 100.00

（续）

盟市	牧草种类	当年种植面积/万亩	单位面积产量/（千克/亩）	总产量/吨	青贮量/吨
乌兰察布市	青饲、青贮玉米	150.00	1 039.67	1 559 500.00	2 316 250.00
	山黧豆	1.00	60.00	600.00	
	饲用块根块茎作物	34.30	1 002.33	343 800.00	41 080.00
	苏丹草	4.50	1 277.78	57 500.00	
	燕麦	1.30	80.00	1 040.00	240.00
	其他一年生牧草	5.00	263.00	13 150.00	
锡林郭勒盟	合计	99.52	1 214.56	1 208 768.50	624 492.59
	草谷子	6.82	228.58	15 589.00	280.00
	青莜麦	14.61	346.54	50 630.00	
	青饲、青贮玉米	72.89	1 483.48	1 081 349.50	624 212.59
	饲用块根块茎作物	5.10	1 200.00	61 200.00	
	其他一年生牧草	0.10			
兴安盟	合计	214.59	1 761.96	3 780 980.00	1 708 700.00
	草谷子	33.60	343.69	115 480.00	
	高粱—苏丹草杂交种	0.64	1 828.13	11 700.00	100.00
	谷稗	6.00	200.00	12 000.00	
	青饲、青贮玉米	156.00	2 153.85	3 360 000.00	1 705 000.00
	饲用块根块茎作物	7.10	3 000.00	213 000.00	
	苏丹草	1.10	1 639.36	18 000.00	100.00
	燕麦	10.10	500.00	50 500.00	3 500.00
	其他一年生牧草	0.05	600.00	300.00	

表 4－7　2011 年各盟市一年生牧草分种类生产情况

盟市	牧草种类	当年种植面积/万亩	单位面积产量/（千克/亩）	总产量/吨	青贮量/吨
全区		1 729.32	1 302.70	22 527 845.10	39 897 181.38
阿拉善盟	合计	17.76	677.22	120 275.00	76 570.00
	草谷子	2.70	844.44	22 800.00	
	高粱—苏丹草杂交种	0.30	1 000.00	3 000.00	
	青饲、青贮高粱	0.10	1 000.00	1 000.00	
	青饲、青贮玉米	13.86	641.96	88 975.00	76 570.00
	苏丹草	0.10	1 000.00	1 000.00	
	其他一年生牧草	0.70	500.00	3 500.00	
巴彦淖尔市	合计	99.88	1 000.00	998 770.00	2 541 000.00
	青饲、青贮玉米	99.88	1 000.00	998 770.00	2 541 000.00
包头市	合计	71.08	2 321.78	1 650 320.00	1 318 940.00
	草谷子	7.95	449.06	35 700.00	
	草木樨	0.10	500.00	500.00	
	高粱—苏丹草杂交种	4.47	2 597.32	116 100.00	
	箭筈豌豆	2.90	280.00	8 120.00	
	毛苕子（非绿肥）	1.80	300.00	5 400.00	
	青莜麦	3.75	2 512.00	94 200.00	
	青饲、青贮玉米	42.91	2 942.67	1 262 700.00	1 318 940.00
	饲用块根块茎作物	4.40	2 545.45	112 000.00	
	苏丹草	0.20	1 500.00	3 000.00	

（续）

盟市	牧草种类	当年种植面积/万亩	单位面积产量/（千克/亩）	总产量/吨	青贮量/吨
包头市	燕麦	2.40	400.00	9 600.00	
	其他一年生牧草	0.20	1 500.00	3 000.00	
赤峰市	合计	221.08	2 346.06	5 186 665.00	5 040 000.00
	草谷子	16.02	364.42	58 380.00	15 015.00
	草木樨	2.00			
	高粱—苏丹草杂交种	1.20	3 000.00	36 000.00	
	箭筈豌豆	2.40	300.00	7 200.00	
	青莜麦	28.60	408.34	116 785.00	8 830.00
	青饲、青贮高粱	14.00	2 917.86	408 500.00	550 000.00
	青饲、青贮玉米	155.08	2 907.14	4 508 400.00	4 466 155.00
	苏丹草	0.78	3 000.00	23 400.00	
	其他一年生牧草	1.00	2 800.00	28 000.00	
鄂尔多斯市	合计	167.61	1 977.96	3 315 264.20	4 673 531.38
	稗		300.00	9.00	15.00
	草谷子	1.70	590.49	10 062.00	32.00
	草木樨	37.43	237.35	88 841.20	59 884.40
	高粱—苏丹草杂交种	0.50	3 000.00	15 000.00	
	青饲、青贮玉米	118.74	2 620.05	3 111 070.00	4 613 275.58
	饲用块根块茎作物	7.40	697.30	51 600.00	
	苏丹草	0.38	289.24	1 102.00	324.40

（续）

盟市	牧草种类	当年种植面积/万亩	单位面积产量/（千克/亩）	总产量/吨	青贮量/吨
鄂尔多斯市	燕麦	0.15	3 000.00	4 500.00	
	其他一年生牧草	1.30	2 544.62	33 080.00	
呼和浩特市	合计	151.40	606.84	918 760.00	15 730 000.00
	草谷子	19.00	284.21	54 000.00	
	青莜麦	25.72	304.51	78 320.00	
	青饲、青贮玉米	106.68	737.20	786 440.00	15 730 000.00
呼伦贝尔市	合计	141.90	2 238.49	3 176 376.00	2 041 340.00
	稗	0.96	1 478.13	14 190.00	
	草谷子	7.57	404.06	30 595.20	
	草木樨	3.85	230.00	8 855.00	
	大麦	4.10	280.00	11 480.00	
	高粱—苏丹草杂交种	2.36	1 304.24	30 780.00	
	谷稗	0.54	300.00	1 620.00	
	箭筈豌豆	0.15	150.00	225.00	
	苦荬菜	1.90	1 219.74	23 175.00	
	青饲、青贮玉米	89.35	2 857.05	2 550 040.00	2 041 340.00
	饲用块根块茎作物	23.09	1 658.68	382 990.00	
	苏丹草	1.15	1 200.00	13 800.00	
	燕麦	0.92	231.57	2 125.80	

（续）

盟市	牧草种类	当年种植面积/万亩	单位面积产量/（千克/亩）	总产量/吨	青贮量/吨
呼伦贝尔市	籽粒苋	3.10	2 361.29	73 200.00	
	其他一年生牧草	2.86	1164.34	33 300.00	
通辽市	合计	231.40	707.02	1 636 042.00	4 812 000.00
	青饲、青贮玉米	231.40	707.02	1 636 042.00	4 812 000.00
乌海市	合计	2.30			
	青饲、青贮玉米	2.30			
乌兰察布市	合计	345.71	631.40	2 410 810.00	1 947 590.00
	草谷子	34.30	224.93	77 150.00	22 650.00
	草木樨	8.00	286.25	22 900.00	2 200.00
	大麦	18.50	532.43	98 500.00	10 000.00
	箭筈豌豆	13.60	133.82	18 200.00	2 100.00
	墨西哥类玉米	7.00	700.00	49 000.00	43 050.00
	青莜麦	71.10	279.47	198 700.00	41 100.00
	青饲、青贮玉米	98.98	895.03	885 900.00	1 640 250.00
	山黧豆	3.00	95.00	2 850.00	
	饲用块根块茎作物	53.53	1 183.73	633 650.00	181 000.00
	苏丹草	10.00	1 250.00	125 000.00	
	燕麦	4.50	333.33	15 000.00	240.00
	其他一年生牧草	23.20	241.21	55 960.00	5 000.00
锡林郭勒盟	合计	125.76	1 191.00	1 497 742.90	347 710.00

（续）

盟市	牧草种类	当年种植面积/万亩	单位面积产量/（千克/亩）	总产量/吨	青贮量/吨
锡林郭勒盟	草谷子	16.45	293.05	48 206.54	
	谷稗	0.76	200.00	1 520.00	
	青莜麦	22.93	168.99	38 748.87	8 840.00
	青饲、青贮高粱	25.00	830.00	207 500.00	
	青饲、青贮玉米	49.41	2 197.56	1 085 706.48	338 870.00
	饲用块根块茎作物	5.00	2 000.00	100 000.00	
	其他一年生牧草	6.21	258.63	16 061.00	
兴安盟	合计	153.45	1 202.23	1 844 820.00	1 368 500.00
	草谷子	28.71	318.15	91 340.00	
	高粱—苏丹草杂交种	0.12	3 000.00	3 600.00	
	青饲、青贮玉米	100.00	1 614.00	1 614 000.00	1 365 000.00
	饲用块根块茎作物	0.11	3 000.00	3 300.00	
	苏丹草	2.11	753.55	15 900.00	
	燕麦	9.84	526.93	51 850.00	3 500.00
	其他一年生牧草	12.56	516.16	64 830.00	

表 4-8　2012 年各盟市一年生牧草分种类生产情况

盟市	牧草种类	当年种植面积/万亩	单位面积产量/（千克/亩）	总产量/吨	青贮量/吨
全区		1 812.66	1 292.13	23 421 954.40	17 486 060.00
阿拉善盟	合计	15.26	580.44	88 575.00	49 580.00
	草谷子	0.54	300.00	1 620.00	
	青饲、青贮高粱	0.06	1 000.00	550.00	
	青饲、青贮玉米	11.57	634.87	73 455.00	49 580.00
	苏丹草	2.00	275.00	5 500.00	
	其他一年生牧草	1.10	680.37	7 450.00	
巴彦淖尔市	合计	86.91	1 000.00	869 100.00	876 000.00
	青饲、青贮玉米	72.50	1 000.00	725 000.00	876 000.00
	其他一年生牧草	14.41	1 000.00	144 100.00	
包头市	合计	81.88	1 730.68	1 417 130.00	1 283 900.00
	草谷子	6.47	832.77	53 880.00	
	大麦	0.25	300.00	750.00	
	高粱—苏丹草杂交种	1.00	1 000.00	10 000.00	
	箭筈豌豆	1.50	320.00	4 800.00	
	青莜麦	7.12	1 860.67	132 480.00	
	青饲、青贮玉米	60.64	1 977.03	1 198 890.00	1 283 900.00
	其他一年生牧草	4.90	333.13	16 330.00	
赤峰市	合计	248.08	1 337.93	3 319 130.00	790 000.00
	草谷子	19.37	347.08	67 230.00	

（续）

盟市	牧草种类	当年种植面积/万亩	单位面积产量/（千克/亩）	总产量/吨	青贮量/吨
赤峰市	草木樨	5.00	900.00	45 000.00	
	高粱—苏丹草杂交种	2.87	1 127.18	32 350.00	
	青莜麦	14.20	555.49	78 880.00	
	青饲、青贮高粱	46.92	1 454.26	682 340.00	
	青饲、青贮玉米	147.55	1 560.32	2 302 250.00	790 000.00
	苏丹草	12.17	912.74	111 080.00	
鄂尔多斯市	合计	171.27	1 479.80	2 534 453.90	
	草谷子	1.70	473.53	8 050.00	
	草木樨	34.67	364.96	126 530.30	
	高粱—苏丹草杂交种	0.50	2 000.00	10 000.00	
	青饲、青贮高粱	7.05	2 500.00	176 250.00	
	青饲、青贮玉米	121.09	1 787.97	2 161 420.00	
	饲用块根块茎作物	4.70	672.34	31 600.00	
	苏丹草	0.31	356.00	1 103.60	
	燕麦	0.15	2 000.00	3 000.00	
	其他一年生牧草	1.10	1 500.00	16 500.00	
呼和浩特市	合计	140.22	655.83	919 610.00	2 036 000.00
	草谷子	12.85	261.09	33 550.00	
	箭筈豌豆	6.00	260.00	15 600.00	

（续）

盟市	牧草种类	当年种植面积/万亩	单位面积产量/（千克/亩）	总产量/吨	青贮量/吨
呼和浩特市	青莜麦	16.00	262.50	42 000.00	
	青饲、青贮玉米	105.37	786.24	828 460.00	2 036 000.00
呼伦贝尔市	合计	131.65	1 798.26	2 367 405.00	1 711 650.00
	稗	0.15	150.00	225.00	
	草谷子	5.20	438.85	22 820.00	
	大麦	5.70	264.91	15 100.00	
	高粱—苏丹草杂交种	0.23	1 500.00	3 450.00	
	谷稗	0.32	300.00	960.00	
	箭筈豌豆	0.17	150.00	255.00	
	苦荬菜	0.26	2 000.00	5 200.00	
	青饲、青贮玉米	96.91	2 039.11	1 976 100.00	1 711 650.00
	饲用块根块茎作物	18.33	1 717.13	314 750.00	
	燕麦	1.97	192.64	3 795.00	
	籽粒苋	0.36	2 000.00	7 200.00	
	其他一年生牧草	2.05	856.10	17 550.00	
通辽市	合计	279.80	1 370.07	3 833 450.00	7 913 000.00
	青饲、青贮高粱	15.00	1 500.00	225 000.00	142 065.00
	青饲、青贮玉米	264.80	1 362.71	3 608 450.00	7 770 935.00
乌海市	合计	2.30	1 500.00	34 500.00	
	青饲、青贮玉米	2.30	1 500.00	34 500.00	

（续）

盟市	牧草种类	当年种植面积/万亩	单位面积产量/（千克/亩）	总产量/吨	青贮量/吨
乌兰察布市	合计	347.00	1 008.17	3 498 355.00	2 438 800.00
	草谷子	34.30	238.21	81 705.00	
	草木樨	8.50	317.65	27 000.00	
	大麦	10.00	738.00	73 800.00	
	箭筈豌豆	7.70	134.42	10 350.00	
	青莜麦	58.50	327.35	191 500.00	
	青饲、青贮玉米	132.50	1 552.08	2 056 500.00	2 418 800.00
	饲用块根块茎作物	62.50	1 480.80	925 500.00	20 000.00
	苏丹草	8.00	862.50	69 000.00	
	燕麦	6.00	300.00	18 000.00	
	其他一年生牧草	19.00	236.84	45 000.00	
锡林郭勒盟	合计	127.78	1 271.71	1 625 045.50	387 130.00
	草谷子	22.72	368.74	83 793.50	63 200.00
	青莜麦	20.70	223.03	46 167.00	22 100.00
	青饲、青贮高粱	3.96	2 000.00	79 200.00	
	青饲、青贮玉米	73.51	1 811.39	1 331 550.00	301 830.00
	饲用块根块茎作物	4.00	2 000.00	80 000.00	
	其他一年生牧草	2.89	150.00	4 335.00	
兴安盟	合计	180.50	1 615.07	2 915 200.00	

（续）

盟市	牧草种类	当年种植面积/万亩	单位面积产量/（千克/亩）	总产量/吨	青贮量/吨
兴安盟	草谷子	34.00	410.59	139 600.00	
	高粱—苏丹草杂交种	12.00	630.00	75 600.00	
	青饲、青贮高粱	22.50	2 000.00	450 000.00	
	青饲、青贮玉米	111.50	2 008.97	2 240 000.00	
	其他一年生牧草	0.50	2 000.00	10 000.00	

表 4-9　2013 年各盟市一年生牧草分种类生产情况

盟市	牧草种类	当年种植面积/万亩	单位面积产量/（千克/亩）	总产量/吨	青贮量/吨
	全区	1 976.84	1 531.10	302 627 300.00	25 835 526.90
阿拉善盟	合计	20.80	1 121.94	233 364.00	49 580.00
	草谷子	0.14	500.00	720.00	
	青饲、青贮玉米	16.60	1 245.18	206 688.00	49 580.00
	苏丹草	2.00	275.00	5 500.00	
	其他一年生牧草	2.06	994.46	20 456.00	
巴彦淖尔市	合计	110.10	1 000.00	1 101 010.00	1 511 000.00
	青饲、青贮玉米	88.97	1 000.00	889 650.00	1 511 000.00
	其他一年生牧草	21.14	1 000.00	211 360.00	
包头市	合计	140.82	2 300.86	3 239 958.00	1 240 700.00
	草谷子	5.69			
	大麦	0.11			
	高粱—苏丹草杂交种	1.30			
	青莜麦	7.00			
	青饲、青贮玉米	116.62	2 778.14	3 239 958.00	1 240 700.00
	其他一年生牧草	10.09			
赤峰市	合计	258.97	1 744.19	4 516 932.00	2 747 400.00
	草谷子	19.59	383.06	75 042.00	33 500.00
	草木樨	5.00	900.00	45 000.00	
	高粱—苏丹草杂交种	2.25	300	6 750.00	

（续）

盟市	牧草种类	当年种植面积/万亩	单位面积产量/（千克/亩）	总产量/吨	青贮量/吨
赤峰市	青莜麦	13.40	657.91	88 160.00	80 000.00
	青饲、青贮高粱	59.11	1 471.46	869 780.00	668 900.00
	青饲、青贮玉米	150.37	2 248.05	3 380 400.00	1 965 000.00
	苏丹草	6.85	703.65	48 200.00	
	燕麦	2.40	150.00	3 600.00	
鄂尔多斯市	合计	165.79	1 844.64	3 058 227.50	4 521 960.00
	草谷子	0.80	270.00	2 160.00	
	草木樨	23.15	378.99	87 739.50	
	高粱—苏丹草杂交种	0.30	3 000.00	9 000.00	
	青饲、青贮玉米	136.88	2 139.97	2 929 168.00	4 521 960.00
	饲用块根块茎作物	4.20	514.29	21 600.00	
	苏丹草	0.16	350.00	560.00	
	燕麦	0.10	3 000.00	3 000.00	
	其他一年生牧草	0.20	2 500.00	5 000.00	
呼和浩特市	合计	155.53	604.22	939 740.00	2 469 000.00
	草谷子	21.76	277.02	60 280.00	
	箭筈豌豆	8.00	285.00	22 800.00	
	青莜麦	14.00	250.00	35 000.00	
	青饲、青贮玉米	111.77	735.13	821 660.00	2 469 000.00
呼伦贝尔市	合计	143.32	2 463.75	3 531 050.00	1 835 500.00
	稗	0.15	150.00	225.00	
	草谷子	9.30	227.10	21 120.00	
	大麦	3.30	282.73	9 330.00	

(续)

盟市	牧草种类	当年种植面积/万亩	单位面积产量/(千克/亩)	总产量/吨	青贮量/吨
呼伦贝尔市	高粱—苏丹草杂交种	0.40	1 500.00	6 000.00	
	谷稗	0.20	300.00	600.00	
	苦荬菜	0.26	3 000.00	7 800.00	
	青饲、青贮玉米	107.46	2 948.26	3 168 200.00	1 835 500.00
	饲用块根块茎作物	15.76	1 771.57	279 200.00	
	燕麦	2.27	250.00	5 675.00	
	籽粒苋	0.22	2 000.00	4 400.00	
	其他一年生牧草	4.00	712.50	28 500.00	
通辽市	合计	327.46	1 614.40	5 286 530.00	7 827 650.00
	青饲、青贮高粱	5.00	1 600.00	80 000.00	80 000.00
	青饲、青贮玉米	322.46	1 614.63	5 206 530.00	7 747 650.00
乌海市	合计	2.30	1 500.00	34 500.00	
	青饲、青贮玉米	2.30	1 500.00	34 500.00	
乌兰察布市	合计	312.90	1 454.61	4 551 480.00	2 655 460.00
	草谷子	31.50	228.06	71 840.00	
	草木樨	3.80	369.74	14 050.00	
	大麦	12.00	423.33	50 800.00	
	箭筈豌豆	8.20	241.46	19 800.00	
	毛苕子（非绿肥）	0.30	100.00	300.00	
	青莜麦	49.20	495.57	243 820.00	10 000.00
	青饲、青贮玉米	126.30	2 584.64	3 264 400.00	2 640 460.00
	饲用块根块茎作物	41.60	1 732.26	720 620.00	
	苏丹草	4.00	1 600.00	64 000.00	

（续）

盟市	牧草种类	当年种植面积/万亩	单位面积产量/（千克/亩）	总产量/吨	青贮量/吨
乌兰察布市	燕麦	4.00	323.75	12 950.00	
	其他一年生牧草	32.00	277.81	88 900.00	5 000.00
锡林郭勒盟	合计	144.64	1 286.09	1 867 238.80	67 276.90
	草谷子	27.43	466.14	127 862.90	
	大麦	2.41	217.01	5 230.00	
	青莜麦	42.99	344.76	148 214.00	
	青饲、青贮玉米	67.91	2 169.06	1 473 007.60	67 276.90
	饲用块根块茎作物	3.80	2 780.00	105 640.00	
	其他一年生牧草	0.10	250.00	250.00	
兴安盟	合计	194.21	985.69	1 914 304.00	910 000.00
	草谷子	20.08	352.59	70 800.00	
	大麦	11.20	303.57	34 000.00	
	高粱—苏丹草杂交种	3.00	350.00	10 500.00	
	青饲、青贮高粱	35.38	1 490.11	527 200.00	300 000.00
	青饲、青贮玉米	99.87	1 158.21	1 156 700.00	610 000.00
	苏丹草	2.50	664.00	16 600.00	
	小黑麦	3.00	300.00	9 000.00	
	燕麦	7.30	441.10	32 200.00	
	其他一年生牧草	11.88	482.36	57 304.00	

表 4－10　2014 年各盟市一年生牧草分种类生产情况

盟市	牧草种类	当年种植面积/万亩	单位面积产量/（千克/亩）	总产量/吨	青贮量/吨
全区		2 322.13	1 487.50	34 541 577.90	28 793 721.00
阿拉善盟	合计	1.33	1 039.16	13 852.00	
	草谷子	0.04	800.00	288.00	
	青饲、青贮高粱	0.01	1 000.00	60.00	
	青饲、青贮玉米	0.30	1 200.00	3 564.00	
	其他一年生牧草	0.99	1 000.00	9 940.00	
巴彦淖尔市	合计	376.58	1 022.22	3 849 512.00	2 675 000.00
	草谷子	6.00	600.00	36 000.00	
	青饲、青贮玉米	52.56	1 200.00	630 672.00	715 000.00
	苏丹草	0.13	3 000.00	3 840.00	
	其他一年生牧草	317.90	1 000.00	3 179 000.00	1 960 000.00
包头市	合计	177.13	2 538.81	4 496 944.00	847 400.00
	草谷子	13.70	435.03	59 608.00	
	大麦	0.31	300.00	915.00	
	高粱—苏丹草杂交种	0.14	900.00	1 242.00	
	青莜麦	10.00	2 800.00	280 000.00	
	青饲、青贮玉米	137.19	2 953.42	4 051 800.00	847 400.00
	饲用块根块茎作物	2.00	3 000.00	60 000.00	
	燕麦	2.00	400.00	8 000.00	
	其他一年生牧草	11.79	300.00	35 379.00	
赤峰市	合计	270.47	1 750.10	4 733 513.00	2 952 000.00

（续）

盟市	牧草种类	当年种植面积/万亩	单位面积产量/（千克/亩）	总产量/吨	青贮量/吨
赤峰市	草谷子	7.80	547.18	42 680.00	19 000.00
	青莜麦	13.00	670.77	87 200.00	48 000.00
	青饲、青贮高粱	23.74	2 000.00	474 800.00	
	青饲、青贮玉米	208.70	1 939.15	4 047 000.00	2 885 000.00
	苏丹草	3.53	300.00	10 593.00	
	燕麦	13.70	520.00	71 240.00	
鄂尔多斯市	合计	177.32	1 870.55	3 316 857.00	2 818 450.00
	草谷子	2.50	270.00	6 750.00	
	草木樨	18.41	371.41	68 387.00	
	高粱—苏丹草杂交种	0.20	3 000.00	6 000.00	
	青饲、青贮玉米	152.40	2 104.69	3 207 480.00	2 818 450.00
	饲用块根块茎作物	3.31	590.33	19 540.00	
	苏丹草	0.20	350.00	700.00	
	燕麦	0.10	3 000.00	3 000.00	
	其他一年生牧草	0.20	2 500.00	5 000.00	
呼和浩特市	合计	200.60	801.55	1 607 900.00	2 469 000.00
	草谷子	9.00	300.00	27 000.00	
	箭筈豌豆	5.00	276.00	13 800.00	

（续）

盟市	牧草种类	当年种植面积/万亩	单位面积产量/（千克/亩）	总产量/吨	青贮量/吨
呼和浩特市	青莜麦	13.00	253.85	33 000.00	
	青饲、青贮玉米	162.55	929.31	1 510 600.00	1 769 000.00
	苏丹草	0.05	1 000.00	500.00	
	其他一年生牧草	11.00	209.09	23 000.00	700 000.00
呼伦贝尔市	合计	149.25	2 580.85	3 851 923.00	1 749 500.00
	稗	0.11	150.00	165.00	
	草谷子	9.41	239.49	22 536.00	
	大麦	1.81	294.25	5 326.00	
	高粱—苏丹草杂交种	0.26	1 500.00	3 900.00	
	谷稗	0.54	300.00	1 620.00	
	箭筈豌豆	0.15	150.00	225.00	
	苦荬菜	0.25	3 000.00	7 500.00	
	青莜麦	1.00	240.00	2 400.00	
	青饲、青贮玉米	118.09	2 958.96	3 494 240.00	1 749 500.00
	饲用块根块茎作物	14.75	1 935.25	285 450.00	
	燕麦	0.78	200.13	1 561.00	
	籽粒苋	0.30	2 000.00	6 000.00	
	其他一年生牧草	1.80	1 166.67	21 000.00	
通辽市	合计	354.00	1 604.52	5 680 000.00	11 400 000.00
	青饲、青贮玉米	354.00	1 604.52	5 680 000.00	11 400 000.00

（续）

盟市	牧草种类	当年种植面积/万亩	单位面积产量/（千克/亩）	总产量/吨	青贮量/吨
乌海市	合计	3.40	1 967.65	66 900.00	
	青饲、青贮玉米	3.40	1 967.65	66 900.00	
乌兰察布市	合计	291.80	1 320.72	3 853 875.00	2 285 100.00
	草谷子	30.20	214.32	64 725.00	
	草木樨	2.50	336.00	8 400.00	
	大麦	9.50	567.37	53 900.00	
	箭筈豌豆	8.70	287.93	25 050.00	
	青莜麦	52.50	481.14	252 600.00	
	青饲、青贮高粱	3.00	110.00	3 300.00	
	青饲、青贮玉米	100.50	2 529.85	2 542 500.00	2 243 100.00
	饲用块根块茎作物	45.80	1 717.47	786 600.00	42 000.00
	苏丹草	3.00	700.00	21 000.00	
	燕麦	4.50	294.44	13 250.00	
	其他一年生牧草	31.60	261.23	82 550.00	
锡林郭勒盟	合计	126.80	651.65	826 301.90	517 271.00
	草谷子	9.13	150.37	13 732.85	
	大麦	7.50	434.00	32 550.00	
	青莜麦	49.40	297.45	146 953.55	
	青饲、青贮玉米	52.12	1 004.16	523 410.50	517 271.00
	饲用块根块茎作物	4.40	1 860.00	81 840.00	
	苏丹草	0.03	1 500.00	450.00	
	燕麦	4.21	650.00	27 365.00	
兴安盟	合计	193.44	1 160.05	2 244 000.00	1 080 000.00

（续）

盟市	牧草种类	当年种植面积/万亩	单位面积产量/（千克/亩）	总产量/吨	青贮量/吨
兴安盟	草谷子	15.48	312.92	48 440.00	
	大麦	3.00	300.00	9 000.00	
	高粱—苏丹草杂交种	0.50	800.00	4 000.00	
	青饲、青贮高粱	42.00	950.00	399 000.00	300 000.00
	青饲、青贮玉米	122.00	1 425.41	1 739 000.00	780 000.00
	苏丹草	0.50	800.00	4 000.00	
	燕麦	9.36	382.05	35 760.00	
	其他一年生牧草	0.60	800.00	4 800.00	

表 4-11　2015 年各盟市一年生牧草分种类生产情况

盟市	牧草种类	当年种植面积/万亩	单位面积产量/（千克/亩）	总产量/吨	青贮量/吨
	全区	2 362.23	1 295.61	30 605 140.88	26 433 393.88
阿拉善盟	合计	28.71	534.52	153 470.00	25 375.00
	青饲、青贮玉米	28.13	524.95	147 690.00	25 375.00
	其他一年生牧草	0.58	1 000.00	5 780.00	
巴彦淖尔市	合计	386.57	895.62	3 462 189.00	1 130 000.00
	稗	0.05	600.00	300.00	
	草谷子	4.58	600.00	27 486.00	
	高粱—苏丹草杂交种	0.05	1 170.21	550.00	
	青饲、青贮玉米	305.95	760.43	2 326 550.00	550 000.00
	饲用块根块茎作物	33.50	2 500.00	837 500.00	
	苏丹草	0.10	2 000.00	1 900.00	
	其他一年生牧草	42.35	632.62	267 903.00	580 000.00
包头市	合计	190.85	2 146.31	4 096 176.00	1 052 773.50
	草谷子	16.30	333.92	54 442.00	
	高粱—苏丹草杂交种	0.77	500.00	3 825.00	
	青莜麦	13.25	639.67	84 744.00	
	青饲、青贮玉米	154.91	2 481.23	3 843 675.00	1 052 773.50
	饲用块根块茎作物	3.40	3 000.00	102 000.00	
	苏丹草	0.15	900.00	1 350.00	
	燕麦	2.00	300.00	6 000.00	

（续）

盟市	牧草种类	当年种植面积/万亩	单位面积产量/（千克/亩）	总产量/吨	青贮量/吨
包头市	其他一年生牧草	0.07	200.00	140.00	
赤峰市	合计	288.00	1 727.37	4 974 818.00	2 696 000.00
	草谷子	4.00	800.00	32 000.00	19 000.00
	青莜麦	11.32	734.70	83 168.00	48 000.00
	青饲、青贮高粱	76.90	1 773.73	1 364 000.00	810 000.00
	青饲、青贮玉米	187.28	1 826.14	3 420 000.00	1 819 000.00
	燕麦	8.50	890.00	75 650.00	
鄂尔多斯市	合计	123.49	2 063.98	2 548 815.00	2 200 000.00
	草谷子	2.80	185.00	5 180.00	
	草木樨	7.10	335.70	23 835.00	
	高粱—苏丹草杂交种	0.10	2 000.00	2 000.00	
	青饲、青贮玉米	109.78	2 274.97	2 497 460.00	2 200 000.00
	饲用块根块茎作物	3.11	499.68	15 540.00	
	燕麦	0.60	800.00	4 800.00	
呼和浩特市	合计	228.45	436.13	996 350.00	1 903 201.38
	草谷子	54.00	285.19	154 000.00	
	箭筈豌豆	18.00	266.67	48 000.00	
	青莜麦	60.00	226.00	135 600.00	
	青饲、青贮玉米	86.45	738.87	638 750.00	1 903 201.38
	其他一年生牧草	10.00	200.00	20 000.00	
呼伦贝尔市	合计	149.86	1 132.36	1 696 902.50	1 630 094.00
	稗	0.10	150.00	150.00	

（续）

盟市	牧草种类	当年种植面积/万亩	单位面积产量/（千克/亩）	总产量/吨	青贮量/吨
呼伦贝尔市	草谷子	6.50	255.85	16 630.00	
	高粱—苏丹草杂交种	0.17	1 500.00	2 550.00	
	谷稗	0.81	300.00	2 430.00	
	箭筈豌豆	0.23	150.00	345.00	
	苦荬菜	0.30	2 950.00	8 850.00	
	青莜麦	4.00	240.00	9 600.00	
	青饲、青贮玉米	122.46	1 212.85	1 485 197.50	1 630 094.00
	饲用块根块茎作物	10.85	1 273.46	138 170.00	
	燕麦	1.88	202.13	3 800.00	
	籽粒苋	0.46	2 000.00	9 200.00	
	其他一年生牧草	2.10	951.43	19 980.00	
通辽市	合计	426.70	1 603.12	6 840 500.00	12 240 000.00
	青饲、青贮玉米	426.70	1 603.12	6 840 500.00	12 240 000.00
乌海市	合计	2.03	1 642.36	33 340.00	
	青饲、青贮玉米	2.03	1 642.36	33 340.00	
乌兰察布市	合计	260.12	1 172.89	3 050 916.50	2 490 000.00
	草谷子	39.00	237.96	92 805.00	
	草木樨	3.50	340.00	11 900.00	
	大麦	5.90	450.00	26 550.00	

（续）

盟市	牧草种类	当年种植面积/万亩	单位面积产量/（千克/亩）	总产量/吨	青贮量/吨
乌兰察布市	箭筈豌豆	4.50	238.89	10 750.00	
	青莜麦	56.32	393.55	221 650.00	20 000.00
	青饲、青贮玉米	115.00	2 189.26	2 517 650.00	2 470 000.00
	饲用块根块茎作物	11.80	710.51	83 840.00	
	燕麦	1.20	305.96	3 671.50	
	其他一年生牧草	22.90	358.52	82 100.00	
锡林郭勒盟	合计	128.52	966.39	1 242 013.88	297 950.00
	草谷子	4.66	397.87	18 521.07	
	草木樨	0.20	53.00	106.00	
	大麦	0.15	450.00	675.00	
	青莜麦	51.57	133.52	68 850.76	
	青饲、青贮玉米	54.08	1 894.11	1 024 387.36	297 950.00
	饲用块根块茎作物	2.85	2 500.00	71 250.00	
	燕麦	5.02	544.62	27 323.69	
	其他一年生牧草	10.00	309.00	30 900.00	
兴安盟	合计	148.93	1 013.66	1 509 650.00	768 000.00
	草谷子	12.20	308.20	37 600.00	
	大麦	3.00	300.00	9 000.00	
	青饲、青贮高粱	5.00	300.00	15 000.00	

（续）

盟市	牧草种类	当年种植面积/万亩	单位面积产量/（千克/亩）	总产量/吨	青贮量/吨
兴安盟	青饲、青贮玉米	115.80	1 121.76	1 299 000.00	768 000.00
	饲用块根块茎作物	4.00	3 000.00	120 000.00	
	苏丹草	0.50	500.00	2 500.00	
	燕麦	7.93	315.89	25 050.00	
	其他一年生牧草	0.50	300.00	1 500.00	

表 4-12 2016 年各盟市一年生牧草分种类生产情况

盟市	牧草种类	当年种植面积/万亩	单位面积产量/（千克/亩）	总产量/吨	青贮量/吨
全区		2 185.75	1 340.13	29 291 913.95	27 252 626.82
阿拉善盟	合计	16.50	509.09	84 000.00	82 500.00
	其他一年生牧草	16.50	509.09	84 000.00	82 500.00
巴彦淖尔市	合计	258.39	1 137.12	2 938 183.00	1 296 800.00
	草谷子	3.92	300.00	11 748.00	
	高粱—苏丹草杂交种	0.02	1 500.00	255.00	
	青饲、青贮高粱	0.03	1 200.00	360.00	
	青饲、青贮玉米	31.22	1 910.77	596 620.00	1 053 600.00
	饲用块根块茎作物	3.60	1 500.00	54 000.00	
	其他一年生牧草	219.60	1 036.07	2 275 200.00	243 200.00
包头市	合计	132.90	1 373.13	1 824 885.00	1 185 803.60
	草谷子	10.30	380.58	39 200.00	
	高粱—苏丹草杂交种	6.20	1 200.00	74 400.00	
	青莜麦	10.20	939.22	95 800.00	
	青饲、青贮玉米	53.40	2 414.79	1 289 500.00	1 004 745.60
	饲用块根块茎作物	2.60	23 400.00	900.00	
	苏丹草	0.10	485.00	485.00	
	燕麦	2.30	369.57	8 500.00	
	其他一年生牧草	47.80	614.23	293 600.00	181 058.00
赤峰市	合计	220.70	1 696.19	3 743 500.00	2 967 200.00

（续）

盟市	牧草种类	当年种植面积/万亩	单位面积产量/（千克/亩）	总产量/吨	青贮量/吨
赤峰市	箭筈豌豆	4.00	500.00	20 000.00	
	青莜麦	2.00	600.00	12 000.00	
	青饲、青贮高粱	0.30	1 000.00	3 000.00	
	青饲、青贮玉米	191.70	1 833.70	3 515 200.00	2 967 200.00
	苏丹草	0.30	1 000.00	3 000.00	
	燕麦	22.40	849.55	190 300.00	
鄂尔多斯市	合计	174.00	1 352.52	2 353 390.00	3 287 200.00
	草谷子	2.50	350.00	8 750.00	
	草木樨	5.80	205.00	11 890.00	
	高粱—苏丹草杂交种	0.05	1 500.00	750.00	
	青饲、青贮高粱	10.00	600.00	60 000.00	600 000.00
	青饲、青贮玉米	130.80	1 654.59	2 164 200.00	2 687 200.00
	饲用块根块茎作物	0.40	900.00	3 600.00	
	苏丹草	0.05	1 500.00	750.00	
	燕麦	1.40	889.29	12 450.00	
	其他一年生牧草	23.00	395.65	91 000.00	
呼和浩特市	合计	203.70	1 279.91	2 607 180.00	1 097 500.00
	草谷子	44.00	392.05	172 500.00	
	箭筈豌豆	9.00	350.00	31 500.00	
	青莜麦	55.00	500.00	275 000.00	
	青饲、青贮高粱	0.61	300.00	1 830.00	
	青饲、青贮玉米	84.50	2 446.75	2 067 500.00	1 097 500.00
	燕麦	10.29	528.18	54 350.00	

（续）

盟市	牧草种类	当年种植面积/万亩	单位面积产量/（千克/亩）	总产量/吨	青贮量/吨
呼和浩特市	籽粒苋	0.30	1 500.00	4 500.00	
呼伦贝尔市	合计	155.50	1 483.14	2 306 278.78	2 160 500.00
	草谷子	5.90	329.15	19 420.00	
	大麦	11.27	725.52	81 765.80	
	苦荬菜	0.04	1 500.00	600.00	
	青莜麦	5.00	150.00	7 500.00	
	青饲、青贮玉米	126.73	1 709.46	2 166 392.98	2 110 500.00
	饲用块根块茎作物	5.30	491.51	26050.00	50 000.00
	燕麦	0.80	285.00	2 280.00	
	其他一年生牧草	0.46	493.48	2 270.00	
通辽市	合计	468.00	1 879.07	8 794 038.80	12 286 000.00
	青饲、青贮玉米	468.00	1 879.07	8 794 038.80	12 286 000.00
乌兰察布市	合计	308.00	1 098.33	3 382 850.00	1 748 000.00
	草谷子	25.20	742.46	187 100.00	
	大麦	7.70	288.31	22 200.00	
	青莜麦	57.00	327.19	186 500.00	
	青饲、青贮高粱	3.00	200.00	6 000.00	
	青饲、青贮玉米	144.25	1 712.13	2 469 750.00	1 741 500.00
	饲用块根块茎作物	37.80	1 010.58	382 000.00	1 500.00
	燕麦	24.50	356.73	87 400.00	5 000.00
	其他一年生牧草	8.55	490.06	41 900.00	
锡林郭勒盟	合计	123.86	554.97	687 408.37	439 123.22
	草谷子	4.97	290.66	14 434.00	2 500.00

（续）

盟市	牧草种类	当年种植面积/万亩	单位面积产量/（千克/亩）	总产量/吨	青贮量/吨
锡林郭勒盟	青莜麦	35.32	383.41	135 424.00	165 000.00
	青饲、青贮玉米	42.98	977.11	419 990.37	271 623.22
	燕麦	12.69	291.65	37 022.00	
	其他一年生牧草	27.90	288.67	80 538.00	
兴安盟	合计	124.20	459.10	570 200.00	702 000.00
	草谷子	11.00	304.55	33 500.00	
	青饲、青贮高粱	5.00	300.00	15 000.00	
	青饲、青贮玉米	101.00	494.06	499 000.00	702 000.00
	苏丹草	0.20	350.00	7 000.00	
	燕麦	7.00	314.29	22 000.00	

表 4-13 2017 年各盟市一年生牧草分种类生产情况

盟市	牧草种类	当年种植面积/万亩	单位面积产量/（千克/亩）	总产量/吨	青贮量/吨
	全区	2 212.96	1 461.94	32 352 010.93	27 889 751.50
阿拉善盟	合计	35.70	1 852.44	661 320.00	573 750.00
	草谷子	2.20	450.00	9 900.00	
	青饲、青贮玉米	7.35	1 700.00	124 950.00	477 750.00
	苏丹草	2.86	636.01	18 190.00	
	燕麦	0.25	560.00	1 400.00	
	其他一年生牧草	23.04	2 200.00	506 880.00	96 000.00
巴彦淖尔市	合计	264.93	976.33	2 586 586.00	1 353 200.00
	墨西哥类玉米	43.24	1 000.00	432 400.00	30 000.00
	青饲、青贮高粱	0.40	2 500.00	10 000.00	15 000.00
	青饲、青贮玉米	38.29	1 310.91	501 946.00	1 146 780.00
	燕麦	0.30	566.67	1 700.00	
	籽粒苋	0.40	1 050.00	4 200.00	12 000.00
	其他一年生牧草	182.30	897.61	1 636 340.00	149 420.00
包头市	合计	108.10	989.83	1 070 010.00	211 500.00
	草谷子	10.00	494.00	49 400.00	
	墨西哥类玉米	12.00	1 650.00	198 000.00	
	青莜麦	9.00	677.78	61 000.00	
	青饲、青贮高粱	1.00	2 000.00	20 000.00	
	青饲、青贮玉米	66.90	946.94	633 500.00	210 000.00

（续）

盟市	牧草种类	当年种植面积/万亩	单位面积产量/（千克/亩）	总产量/吨	青贮量/吨
包头市	饲用块根块茎作物	1.50	2 400.00	36 000.00	
	苏丹草	0.10	850.00	850.00	
	燕麦	1.70	368.24	6 260.00	
	其他一年生牧草	5.90	1 101.69	65 000.00	1 500.00
赤峰市	合计	212.00	1 950.90	4 135 900.00	3 250 000.00
	青莜麦	5.00	250.00	12 500.00	
	青饲、青贮玉米	186.00	2 116.40	3 936 500.00	3 100 000.00
	燕麦	21.00	890.00	186 900.00	150 000.00
鄂尔多斯市	合计	135.30	1 674.27	2 265 284.60	1 636 002.50
	草谷子	2.50	205.00	5 125.00	
	草木樨	6.80	327.94	22 300.00	
	青饲、青贮高粱	0.05	2 500.00	1 250.00	
	青饲、青贮玉米	96.62	2 102.68	2 031 544.60	1 636 002.50
	饲用块根块茎作物	0.70	2 500.00	17 500.00	
	苏丹草	0.05	2 500.00	1 250.00	
	燕麦	3.78	457.71	17 315.00	
	其他一年生牧草	24.80	681.45	169 000.00	
呼和浩特市	合计	141.03	1 073.28	1 513 600.00	1 023 000.00
	草谷子	22.00	536.36	118 000.00	
	箭筈豌豆	5.00	150.00	7 500.00	
	青莜麦	24.40	584.43	142 600.00	
	青饲、青贮玉米	81.60	1 476.72	1 205 000.00	1 023 000.00
	燕麦	8.03	504.67	40 500.00	

（续）

盟市	牧草种类	当年种植面积/万亩	单位面积产量/（千克/亩）	总产量/吨	青贮量/吨
呼伦贝尔市	合计	161.30	1 637.90	2 641 930.00	2 225 000.00
	草谷子	7.40	350.00	25 900.00	
	大麦	5.40	344.44	18 600.00	
	苦荬菜	0.04	2 950.00	1 180.00	
	青饲、青贮玉米	112.90	2 088.22	2 357 600.00	2 175 000.00
	饲用块根块茎作物	16.20	1 148.15	186 000.00	50 000.00
	燕麦	19.10	255.24	48 750.00	
	其他一年生牧草	0.26	1 500.00	3 900.00	
通辽市	合计	521.90	2 070.99	10 808 500.00	13 191 000.00
	青饲、青贮玉米	511.50	2 101.66	10 750 000.00	13 191 000.00
	燕麦	10.40	562.50	58 500.00	
乌海市	合计	0.10	2 000.00	2 000.00	
	青饲、青贮玉米	0.10	2 000.00	2 000.00	
乌兰察布市	合计	240.70	1 140.43	2 745 015.00	891 500.00
	草谷子	16.50	525.00	86 625.00	
	大麦	3.50	321.43	11 250.00	
	墨西哥类玉米	23.00	300.00	69 000.00	39 000.00
	青莜麦	31.00	407.42	126 300.00	
	青饲、青贮玉米	95.50	2 023.56	1 932 500.00	852 500.00
	饲用块根块茎作物	34.00	1 035.29	352 000.00	
	燕麦	31.20	473.53	147 740.00	
	其他一年生牧草	6.00	326.67	19 600.00	
锡林郭勒盟	合计	142.85	457.55	653 615.33	497 049.00

（续）

盟市	牧草种类	当年种植面积/万亩	单位面积产量/（千克/亩）	总产量/吨	青贮量/吨
锡林郭勒盟	草谷子	4.54	308.27	13 986.18	
	墨西哥类玉米	15.00	300.00	45 000.00	
	青莜麦	52.27	102.95	53 818.45	
	青饲、青贮玉米	56.67	855.48	484 799.64	497 049.00
	燕麦	8.79	421.32	37 038.34	
	其他一年生牧草	5.58	340.01	18 972.72	
兴安盟	合计	249.05	1 312.29	3 268 250.00	3 037 750.00
	草谷子	11.00	304.55	33 500.00	
	青饲、青贮高粱	5.00	300.00	15 000.00	15 000.00
	青饲、青贮玉米	189.05	1 613.73	3 050 750.00	3 012 750.00
	饲用块根块茎作物	11.50	500.00	57 500.00	
	燕麦	27.00	331.48	89 500.00	10 000.00
	其他一年生牧草	5.50	400.00	22 000.00	

表 4-14　2018 年各盟市一年生牧草分种类生产情况

盟市	牧草种类	当年种植面积/万亩	单位面积产量/（千克/亩）	总产量/吨	青贮量/吨
全区		2 331.81	1 055.87	24 620 875.50	26 857 313.45
阿拉善盟	合计	31.92	1 189.83	379 795.00	146 520.00
	墨西哥类玉米	27.41	1 206.02	330 570.00	
	青饲、青贮高粱	0.07	550.00	385.00	
	青饲、青贮玉米	4.44	1 100.00	48 840.00	146 520.00
巴彦淖尔市	合计	270.29	1 274.25	3 444 218.00	1 209 700.00
	墨西哥类玉米	225.99	1 324.22	2 992 656.00	7 500.00
	青饲、青贮高粱	1.05	2 330.00	24 465.00	13 360.00
	青饲、青贮玉米	35.24	1 111.11	391 554.00	1 162 200.00
	燕麦	1.03	563.40	5 803.00	
	籽粒苋	0.52	1 800.00	9 360.00	16 640.00
	其他一年生牧草	6.46	315.48	20 380.00	10 000.00
包头市	合计	86.15	856.27	737 680.00	672 800.00
	草谷子	18.90	566.30	107 030.00	
	墨西哥类玉米	19.35	500.00	96 750.00	
	青莜麦	16.40	690.24	113 200.00	
	青饲、青贮高粱	0.50	2 000.00	10 000.00	
	青饲、青贮玉米	26.90	1 341.26	360 800.00	672 800.00
	饲用块根块茎作物	2.10	2 000.00	42 000.00	
	苏丹草	0.10	800.00	800.00	

（续）

盟市	牧草种类	当年种植面积/万亩	单位面积产量/（千克/亩）	总产量/吨	青贮量/吨
包头市	燕麦	1.90	373.68	7 100.00	
赤峰市	合计	249.00	1 024.10	2 550 000.00	1 552 000.00
	青饲、青贮玉米	92.20	1 471.15	1 356 400.00	1 552 000.00
	燕麦	23.00	604.35	139 000.00	
	其他一年生牧草	133.80	788.19	1 054 600.00	
鄂尔多斯市	合计	181.00	1 105.61	2 001 150.00	2 047 500.00
	草谷子	2.50	205.00	5 125.00	
	草木樨	3.10	200.00	6 200.00	
	墨西哥类玉米	72.51	700.97	508 275.00	
	青饲、青贮玉米	101.39	1 453.35	1 473 550.00	2 047 500.00
	燕麦	1.50	533.33	8 000.00	
呼和浩特市	合计	194.71	1 487.20	2 895 730.00	926 416.00
	草谷子	15.50	164.19	25 450.00	
	青莜麦	20.00	240.00	48 000.00	
	青饲、青贮玉米	123.00	2 121.95	2 610 000.00	925 666.00
	燕麦	12.41	176.31	21 880.00	750.00
	其他一年生牧草	23.80	800.00	190 400.00	
呼伦贝尔市	合计	185.52	1 477.17	2 740 444.00	3 139 940.00
	草谷子	4.40	413.64	18 200.00	
	大麦	14.33	174.77	25 044.00	
	苦荬菜	0.18	2 950.00	5 310.00	
	墨西哥类玉米	41.00	1 200.00	492 000.00	15 000.00
	青饲、青贮玉米	103.89	1 970.05	2 046 680.00	3 120 940.00

（续）

盟市	牧草种类	当年种植面积/万亩	单位面积产量/（千克/亩）	总产量/吨	青贮量/吨
呼伦贝尔市	饲用块根块茎作物	10.00	700.00	70 000.00	
	苏丹草	0.10	700.00	700.00	
	燕麦	10.76	646.93	69 610.00	4 000.00
	其他一年生牧草	0.86	1 500.00	12 900.00	
通辽市	合计	569.99	898.79	5 122 990.00	14 210 000.00
	青饲、青贮玉米	565.06	901.70	5 095 160.00	14 210 000.00
	燕麦	4.93	564.50	27 830.00	
乌海市	合计	0.13	1 176.92	1 530.00	
	墨西哥类玉米	0.13	1 176.92	1 530.00	
乌兰察布市	合计	200.10	1 051.09	2 103 230.00	1 055 200.00
	草谷子	14.00	204.29	28 600.00	
	大麦	2.00	300.00	6 000.00	
	虎尾草	3.00	400.00	12 000.00	
	墨西哥类玉米	29.00	1 793.10	520 000.00	280 000.00
	青莜麦	40.00	299.00	119 600.00	
	青饲、青贮玉米	72.60	1 650.41	1 198 200.00	772 200.00
	饲用块根块茎作物	17.00	852.94	145 000.00	3 000.00
	燕麦	20.50	334.78	68 630.00	
	其他一年生牧草	2.00	260.00	5 200.00	
锡林郭勒盟	合计	124.79	566.61	707 098.50	66 237.45
	草谷子	2.74	300.39	8 236.80	
	墨西哥类玉米	16.17	260.59	42 125.00	2 500.00
	青莜麦	37.99	90.37	34 331.50	1 200.36

（续）

盟市	牧草种类	当年种植面积/万亩	单位面积产量/（千克/亩）	总产量/吨	青贮量/吨
锡林郭勒盟	青饲、青贮玉米	56.30	1 029.57	579 656.20	62 537.09
	苏丹草	0.05	225.00	112.50	
	燕麦	6.55	519.57	34 016.50	
	其他一年生牧草	5.00	172.40	8 620.00	
兴安盟	合计	238.20	813.19	1 937 010.00	1 831 000.00
	草谷子	6.00	320.00	19 200.00	
	大麦	7.00	300.00	21 000.00	
	青饲、青贮高粱	10.00	300.00	30 000.00	
	青饲、青贮玉米	175.40	965.79	1 694 000.00	1 831 000.00
	饲用块根块茎作物	1.53	1 000.00	15 300.00	
	燕麦	37.80	412.96	156 100.00	
	其他一年生牧草	0.47	300.00	1 410.00	

五、牧草种子生产情况

NEIMENGGU CAOYE TONGJI
(2009—2018)

表 5-1 2009—2018 年全区牧草种子生产情况

年度	草种田面积/万亩	种子田生产量/吨	草场采种量/吨	草种生产量/吨	草种销售量/吨
总计	216.63	42 632.92	103 080.32	145 713.24	32 242.69
2009 年	69.88	16 189.39	32 346.20	48 535.59	3 608.00
2010 年	36.67	7 095.40	14 627.15	21 722.55	4 197.30
2011 年	31.05	5 050.10	5 356.45	10 406.55	800.00
2012 年	10.93	1 950.95	7 353.50	9 304.45	1 103.00
2013 年	9.45	1 713.80	4 891.00	6 604.80	1 879.50
2014 年	11.39	1 376.25	6 109.12	7 485.37	1 409.44
2015 年	10.29	1 579.15	14 353.20	15 932.35	7 969.90
2016 年	11.79	1 660.00	3 802.10	5 462.10	3 225.10
2017 年	14.06	3 277.90	4 718.60	7 996.50	2 872.60
2018 年	11.12	2 739.97	9 523.00	12 262.97	5 177.85

表 5-2 2009—2018 年各年度各经济类型地区牧草种子生产情况

年度	盟市	草种田面积/万亩	种子田生产量/吨	草场采种量/吨	草种生产量/吨	草种销售量/吨
总计		216.626	42 632.91 542	103 080.32	145 713.2 354	32 242.69
2009 年	全区	69.875	16 189.39	32 346.2	48 535.59	3 608
	阿拉善盟	2.03	207.5	313	520.5	
	巴彦淖尔市	0.7	1 235		1 235	
	赤峰市	4.7	579	25	604	40
	鄂尔多斯市	19	2 908	28 385	31 293	2 100
	呼和浩特市	2.5	507	3 067	3 574	315
	呼伦贝尔市	2.24	746.54	170	916.54	
	通辽市	6.2	390.5		390.5	
	乌海市	0.62	32.2		32.2	
	乌兰察布市	10.875	3 441.15	333	3 774.15	1 150
	锡林郭勒盟	13.63	3 844.5	53.2	3 897.7	3
	兴安盟	7.38	2 298		2 298	
2010 年	全区	36.67	7 095.4	14 627.15	21 722.55	4 197.3
	阿拉善盟	2.04	227.5	313	540.5	
	巴彦淖尔市	0.5	1 215		1 215	

（续）

年度	盟市	草种田面积/万亩	种子田生产量/吨	草场采种量/吨	草种生产量/吨	草种销售量/吨
2010年	赤峰市	4.7	299	1 945	2 244	1 200
	鄂尔多斯市	16.25	4 068	6 340	10 408	800
	呼和浩特市	0.3	90	2 315	2 405	15
	呼伦贝尔市	1.04	126	13	139	
	通辽市	4	332.8		332.8	
	乌兰察布市			3 633.5	3 633.5	2 180
	锡林郭勒盟	5.58	378.6	47.65	426.25	2.3
	兴安盟	2.26	358.5	20	378.5	
2011年	全区	31.05	5 050.1	5 356.45	10 406.55	800
	阿拉善盟	0.04	35	243	278	
	巴彦淖尔市	0.5	50		50	
	赤峰市	4.03	320.6	1 652.5	1 973.1	
	鄂尔多斯市	12.7	2 414	120	2 534	
	呼和浩特市	2.77	881	350	1 231	
	呼伦贝尔市	1.15	347	53	400	
	通辽市	2.12	250.2	700	950.2	
	乌兰察布市			2 202	2 202	800
	锡林郭勒盟	5.48	393.8	35.95	429.75	
	兴安盟	2.26	358.5		358.5	
2012年	全区	10.93	1 950.95	7 353.5	9 304.45	1 103
	阿拉善盟	0.03	9	225	234	
	巴彦淖尔市	0.5	50		50	
	鄂尔多斯市	4.27	753.45	5 087	5 840.45	800
	呼和浩特市	0.75	212.5	98	310.5	133
	呼伦贝尔市	2.05	355	2	357	
	通辽市	1.25	464	1 110	1 574	
	乌兰察布市			707	707	170
	锡林郭勒盟	1.68	78	124.5	202.5	
	兴安盟	0.4	29		29	
2013年	全区	9.45	1 713.8	4 891	6 604.8	1 879.5
	阿拉善盟			50	50	
	巴彦淖尔市	0.6	180		180	
	赤峰市			1 696	1 696	1 278.5
	鄂尔多斯市	4.88	867.8	2 894	3 761.8	500

（续）

年度	盟市	草种田面积/万亩	种子田生产量/吨	草场采种量/吨	草种生产量/吨	草种销售量/吨
2013 年	呼和浩特市	0.75	132.5	66	198.5	101
	呼伦贝尔市	1.85	280.4		280.4	
	通辽市	0.6	180		180	
	乌兰察布市			185	185	
	锡林郭勒盟	0.41	47		47	
	兴安盟	0.36	26.1		26.1	
2014 年	全区	11.392	1 376.25 142	6 109.12	7 485.37 142	1 409.44
	巴彦淖尔市	0.56	59	10	69	30
	赤峰市	0.4	60	1 848.7	1 908.7	932.24
	鄂尔多斯市	3.8	631	2 886	3 517	100
	呼和浩特市	0.75	132.5	66	198.5	101
	呼伦贝尔市	3.524	43.07 642		43.07 642	
	通辽市	1.1	280	1 000	1 280	185
	乌兰察布市	0.65	100	235.72	335.72	54
	锡林郭勒盟	0.608	70.675	62.7	133.375	7.2
2015 年	全区	10.289	1 579.15	14 353.2	15 932.35	7 969.9
	阿拉善盟			50	50	
	巴彦淖尔市	0.86	112		112	10
	包头市	0.15	20		20	
	赤峰市	1.48	198.4	7 134	7 332.4	7 179.4
	鄂尔多斯市	4.4	810	5 293.2	6 103.2	
	呼伦贝尔市	1.659	112.75		112.75	
	通辽市	0.4	60	800	860	
	乌兰察布市	0.89	255.5	1 066	1 321.5	780.5
	锡林郭勒盟	0.45	10.5	10	20.5	
2016 年	全区	11.79	1 660	3 802.1	5 462.1	3 225.1
	阿拉善盟	0.2	44	1 540	1 584	1 190
	巴彦淖尔市	0.8	164		164	115
	包头市	0.5	50		50	
	赤峰市	3.4	152.5	1 350	1 502.5	1 437.5
	鄂尔多斯市	3.23	649.5	782	1 431.5	247.5
	呼伦贝尔市	1.82	269.5		269.5	
	通辽市	0.8	123		123	68.5
	乌兰察布市	0.54	173	1.6	174.6	166.6
	锡林郭勒盟	0.5	34.5	128.5	163	

（续）

年度	盟市	草种田面积/万亩	种子田生产量/吨	草场采种量/吨	草种生产量/吨	草种销售量/吨
2017年	全区	14.06	3 277.9	4 718.6	7 996.5	2 872.6
	阿拉善盟	0.36	61.5	1 440	1 501.5	1 058
	巴彦淖尔市	0.76	132		132	98
	包头市	0.07	14		14	
	赤峰市	5.1	752.5	95	847.5	392.5
	鄂尔多斯市	3.53	746.5	2 940	3 686.5	292.5
	呼伦贝尔市	1.72	60.5		60.5	
	通辽市	0.4	105		105	40
	乌兰察布市	1.95	1 396	212.6	1 608.6	991.6
	锡林郭勒盟	0.17	9.9	31	40.9	
2018年	全区	11.12	2 739.974	9 523	12 262.974	5 177.85
	阿拉善盟	0.2	35	4 640	4 675	1 360
	巴彦淖尔市	0.66	72		72	52
	包头市	0.07	14		14	
	赤峰市	4	492.5	92	584.5	407.5
	鄂尔多斯市	1.38	304	2 590	2 894	265
	呼伦贝尔市	2.21	244.674	334.4	579.074	1.75
	通辽市			5	5	2 000
	乌兰察布市	2.08	1 549.6	1 861.6	3 411.2	1 091.6
	锡林郭勒盟	0.52	28.2		28.2	

表5-3 2009—2018年全区分种类牧草种子生产情况

年度	牧草种类	草种田面积/万亩	种子田生产量/吨	草场采种量/吨	草种生产量/吨	草种销售量/吨
总计		216.626	42 632.91 542	103 080.32	145 713.2 354	32 242.69
2009年	合计	69.875	16 189.39	32 346.2	48 535.59	3 608
	冰草	5.53	899	181	1 080	150
	草木樨	2.14	706.6	161.6	868.2	80
	胡枝子			5	5	
	老芒麦	1.77	308.5	7	315.5	1
	猫尾草	0.6	120		120	
	墨西哥类玉米	1.2	1 560	15.6	1 575.6	860
	柠条	16.26	1 522.7	12 351	13 873.7	10

（续）

年度	牧草种类	草种田面积/万亩	种子田生产量/吨	草场采种量/吨	草种生产量/吨	草种销售量/吨
2009年	披碱草	0.95	257	176	433	2
	青莜麦	3	3 000		3 000	
	沙打旺	10.79	1 181.5	316.1	1 497.6	1 100
	沙蒿	0.4	43	15 284.5	15 327.5	
	苏丹草	0.59	1 485		1 485	
	无芒雀麦			0.5	0.5	
	燕麦	0.8	1 410		1 410	
	羊草	0.85	67	0.5	67.5	
	羊柴	3.78	322	3 095.5	3 417.5	15
	野豌豆			0.1	0.1	
	紫花苜蓿	18.735	3 053.09	636.8	3 689.89	1 390
	其他一年生牧草	0.28	42		42	
	其他多年生牧草	2.2	212	115	327	
2010年	合计	36.67	7 095.4	14 627.15	21 722.55	4 197.3
	冰草	2.13	181.8	54	235.8	1.8
	草木樨			50	50	50
	胡枝子			5	5	
	老芒麦	0.9	70	0.5	70.5	
	猫尾草	0.6	120		120	
	柠条	5.1	328.5	10 092	10 420.5	2 330
	披碱草	0.84	76.8	14	90.8	
	沙打旺	4.42	1 109.8	480.05	1 589.85	1 200
	沙蒿			1 454.5	1 454.5	100
	苏丹草	0.4	1 200		1 200	
	羊草	1.1	182	30.5	212.5	
	羊柴			1 599.5	1 599.5	235
	野豌豆			112.1	112.1	80
	紫花苜蓿	18.96	3 594	593	4 187	200
	其他一年生牧草	0.01	20	42	62	
	其他多年生牧草	2.21	212.5	100	312.5	0.5
2011年	合计	31.05	5 050.1	5 356.45	10 406.55	800
	冰草	2.13	276	30	306	
	草木樨	1	150		150	
	老芒麦	0.9	150	0.5	150.5	
	猫尾草	0.6	120		120	

（续）

年度	牧草种类	草种田面积/万亩	种子田生产量/吨	草场采种量/吨	草种生产量/吨	草种销售量/吨
2011 年	柠条	5.4	397	3 028.5	3 425.5	800
	披碱草	0.84	156.8	54	210.8	
	沙打旺	3.72	683.2	0.05	683.25	
	沙蒿			363	363	
	无芒雀麦			0.4	0.4	
	羊草	0.6	99		99	
	羊柴	0.6	270	327	597	
	紫花苜蓿	15.04	2 714.1	1 473	4 187.1	
	其它一年生牧草	0.01	20		20	
	其它多年生牧草	0.21	14	80	94	
2012 年	合计	10.93	1 950.95	7 353.5	9 304.45	1 103
	冰草	0.33	81	177.5	258.5	32
	草木樨	0.2	30	287.5	317.5	50
	老芒麦	0.9	75	0.5	75.5	
	猫尾草	0.06	3.6		3.6	
	柠条			4 970	4 970	120
	披碱草	1.59	222	19	241	
	沙打旺	1.23	379		379	
	沙蒿	0.25	37.25	1 355	1 392.25	
	梭梭			20	20	
	羊草	0.6	33		33	
	羊柴	0.8	88	401	489	16
	紫花苜蓿	4.96	1 000.1	73	1 073.1	885
	其它多年生牧草	0.01	2	50	52	
2013 年	合计	9.45	1 713.8	4 891	6 604.8	1 879.5
	冰草	0.6	85	25	110	
	老芒麦	0.2	40		40	
	猫尾草	0.06	3.6		3.6	
	柠条			2 028	2 028	666
	披碱草	0.26	52	15	67	
	沙打旺	0.3	36	1 085	1 121	
	沙蒿			922	922	385
	羊草	0.3	75		75	
	羊柴			491	491	226
	紫花苜蓿	7.73	1 422.2	275	1 697.2	602.5
	其它多年生牧草			50	50	

（续）

年度	牧草种类	草种田面积/万亩	种子田生产量/吨	草场采种量/吨	草种生产量/吨	草种销售量/吨
2014年	合计	11.392	1 376.25 142	6 109.12	7 485.37 142	1 409.44
	冰草	0.506	20.6 248	28.9	49.5 248	3.9
	草木樨			297	297	15
	老芒麦	0.21	3.5	1.5	5	1.5
	柠条			3 791.4	3 791.4	902
	披碱草	0.772	52.3	1.8	54.1	1.8
	沙打旺	0.3	36	1 150	1 186	50
	无芒雀麦	0.01	0.4 754		0.4 754	
	羊草	0.32	0.5		0.5	
	羊柴			528	528	168
	野豌豆			10.5	10.5	8
	紫花苜蓿	8.05	1 259.975	300.02	1 559.995	259.24
	其它多年生牧草	1.224	2.87 622		2.87 622	
2015年	合计	10.289	1 579.15	14 353.2	15 932.35	7 969.9
	冰草	0.285		10	10	
	老芒麦	0.015				
	柠条			7 060	7 060	2 549
	沙打旺			1 700	1 700	1 000
	沙蒿			1 229.7	1 229.7	385
	羊柴			1 790.5	1 790.5	1 112
	紫花苜蓿	9.625	1 569.65	2 513	4 082.65	2 923.9
	其他多年生牧草	0.364	9.5	50	59.5	
2016年	合计	11.79	1 660	3 802.1	5 462.1	3 225.1
	冰草	0.38	27	127	154	
	老芒麦	0.01	1.5	1.5	3	
	柠条	0.1		671.4	671.4	259.4
	披碱草	0.06				
	沙打旺	0.5	62.5	200	262.5	62.5
	沙蒿			1 170	1 170	900
	燕麦	0.1	120		120	
	羊草	0.02				
	羊柴			227	227	127
	紫花苜蓿	10.58	1 441	1 035.2	2 476.2	1 626.2
	其它多年生牧草	0.04	8	370	378	250
2017年	合计	14.06	3 277.9	4 718.6	7 996.5	2 872.6
	冰草	0.1	1	31	32	
	柠条			1 658.4	1 658.4	81.4
	沙打旺	0.5	62.5	168	230.5	62.5
	沙蒿			1 970	1 970	900

（续）

年度	牧草种类	草种田面积/万亩	种子田生产量/吨	草场采种量/吨	草种生产量/吨	草种销售量/吨
2017 年	燕麦	0.6	1 000		1 000	600
	羊草	0.02	0.2		0.2	
	羊柴			820	820	140
	紫花苜蓿	12.69	2 207.2	15.2	2 222.4	1 088.7
	其它多年生牧草	0.15	7	56	63	
2018 年	合计	11.12	2 739.974	9 523	12 262.974	5 177.85
	冰草	0.27	2.7		2.7	
	柠条			3 146.4	3 146.4	2 081.4
	沙打旺	0.5	62.5		62.5	62.5
	沙蒿			2 110	2 110	960
	梭梭			2 780	2 780	
	燕麦	0.7	1 150		1 150	700
	羊草	0.04	6		6	
	羊柴			700	700	100
	紫花苜蓿	9.38	1 507.674	436.6	1 944.274	973.95
	其他多年生牧草	0.23	11.1	350	361.1	300

表 5-4 2009—2018 年各年度各经济类型地区牧草种子生产情况

经济类型地区	年度	草种田面积/万亩	种子田生产量/吨	草场采种量/吨	草种生产量/吨	草种销售量/吨
牧区	合计	75.92	11 268.10	63 897.30	75 165.40	6 592.00
	2009 年	19.62	2 858.00	28 872.00	31 730.00	3.00
	2010 年	11.33	1 427.60	6 434.00	7 861.60	2.30
	2011 年	7.95	1 257.20	1 545.50	2 802.70	
	2012 年	5.84	1 141.45	5 558.50	6 699.95	
	2013 年	5.58	932.80	1 823.00	2 755.80	618.00
	2014 年	8.11	880.28	1 913.20	2 793.48	497.20
	2015 年	4.42	556.50	4 468.20	5 024.70	620.00
	2016 年	4.53	776.00	1 773.50	2 549.50	1 651.00
	2017 年	4.35	687.00	3 811.00	4 498.00	1 498.50
	2018 年	4.18	751.27	7 698.40	8 449.67	1 702.00
半牧区	合计	79.92	16 870.27	21 203.70	38 073.97	16 633.79
	2009 年	20.36	4 464.44		4 464.44	2 100.00
	2010 年	17.16	4 820.90	2 547.50	7 368.40	2 000.00
	2011 年	13.37	2 194.10	1 083.00	3 277.10	
	2012 年	2.62	521.40	956.00	1 477.40	800.00

（续）

经济类型地区	年度	草种田面积/万亩	种子田生产量/吨	草场采种量/吨	草种生产量/吨	草种销售量/吨
半牧区	2013年	2.65	597.90	2 862.00	3 459.90	1 143.00
	2014年	1.51	215.48	3 768.20	3 983.68	749.64
	2015年	4.77	767.15	8 109.00	8 876.15	5 876.90
	2016年	6.41	701.00	1 187.00	1 888.00	697.50
	2017年	6.06	1 393.40	680.00	2 073.40	582.50
	2018年	5.02	1 194.50	11.00	1 205.50	2 684.25
其他	合计	60.79	14 494.55	17 979.32	32 473.87	9 016.90
	2009年	29.90	8 866.95	3 474.20	12 341.15	1 505.00
	2010年	8.18	846.90	5 645.65	6 492.55	2 195.00
	2011年	9.73	1 598.80	2 727.95	4 326.75	800.00
	2012年	2.47	288.10	839.00	1 127.10	303.00
	2013年	1.22	183.10	206.00	389.10	118.50
	2014年	1.77	280.50	427.72	708.22	162.60
	2015年	1.10	255.50	1 776.00	2 031.50	1 473.00
	2016年	0.85	183.00	841.60	1 024.60	876.60
	2017年	3.65	1 197.50	227.60	1 425.10	791.60
	2018年	1.92	794.20	1 813.60	2 607.80	791.60

表5-5　2009年各盟市牧草种子生产情况

盟市	牧草种类	草种田面积/万亩	种子田生产量/吨	草场采种量/吨	草种生产量/吨	草种销售量/吨
全区		69.88	16 189.39	32 346.20	48 535.59	3 608.00
阿拉善盟	合计	2.03	207.50	313.00	520.50	
	沙蒿			213.00	213.00	
	紫花苜蓿	0.03	7.50		7.50	
	其他多年生牧草	2.00	200.00	100.00	300.00	
巴彦淖尔市	合计	0.70	1 235.00		1 235.00	
	沙蒿	0.20	20.00		20.00	
	苏丹草	0.40	1 200.00		1 200.00	
	紫花苜蓿	0.10	15.00		15.00	
赤峰市	合计	4.70	579.00	25.00	604.00	40.00
	柠条			10.00	10.00	10.00
	紫花苜蓿	4.70	579.00	15.00	594.00	30.00

（续）

盟市	牧草种类	草种田面积/万亩	种子田生产量/吨	草场采种量/吨	草种生产量/吨	草种销售量/吨
鄂尔多斯市	合计	19.00	2 908.00	28 385.00	31 293.00	2 100.00
	草木樨	0.80	125.00	80.00	205.00	
	柠条	2.00	240.00	10 140.00	10 380.00	
	沙打旺	3.60	548.00		548.00	900.00
	沙蒿	0.20	23.00	15 070.00	15 093.00	
	羊柴	2.00	200.00	3 080.00	3 280.00	
	紫花苜蓿	10.20	1 760.00		1 760.00	1 200.00
	其他多年生牧草	0.20	12.00	15.00	27.00	
呼和浩特市	合计	2.50	507.00	3 067.00	3 574.00	315.00
	冰草	0.02	5.00	150.00	155.00	150.00
	草木樨	0.10	50.00		50.00	
	柠条	0.48	72.00	2 200.00	2 272.00	
	沙打旺	0.40	120.00	100.00	220.00	
	羊柴	0.50	40.00	15.00	55.00	15.00
	紫花苜蓿	1.00	220.00	602.00	822.00	150.00
呼伦贝尔市	合计	2.24	746.54	170.00	916.54	
	冰草	1.25	378.50		378.50	
	老芒麦	0.20	136.00		136.00	
	披碱草	0.30	160.00	170.00	330.00	
	羊草	0.15	15.00		15.00	
	紫花苜蓿	0.34	57.04		57.04	
通辽市	合计	6.20	390.50		390.50	
	柠条	5.80	320.50		320.50	
	沙打旺	0.10	10.00		10.00	
	紫花苜蓿	0.30	60.00		60.00	
乌海市	合计	0.62	32.20		32.20	
	柠条	0.62	32.20		32.20	
乌兰察布市	合计	10.88	3 441.15	333.00	3 774.15	1 150.00
	冰草	0.15	22.50		22.50	
	草木樨	1.24	531.60	81.60	613.20	80.00
	墨西哥类玉米	1.20	1 560.00	15.60	1 575.60	860.00
	柠条	2.60	324.00		324.00	
	沙打旺	4.17	476.50	216.00	692.50	200.00
	苏丹草	0.19	285.00		285.00	

（续）

盟市	牧草种类	草种田面积/万亩	种子田生产量/吨	草场采种量/吨	草种生产量/吨	草种销售量/吨
乌兰察布市	羊柴	0.12	24.00		24.00	
	紫花苜蓿	0.93	175.55	19.80	195.35	10.00
	其他一年生牧草	0.28	42.00		42.00	
锡林郭勒盟	合计	13.63	3 844.50	53.20	3 897.70	3.00
	冰草	4.11	493.00	31.00	524.00	
	胡枝子			5.00	5.00	
	老芒麦	1.57	172.50	7.00	179.50	1.00
	柠条	1.50	45.00	1.00	46.00	
	披碱草	0.65	97.00	6.00	103.00	2.00
	青莜麦	3.00	3 000.00		3 000.00	
	沙打旺	2.50	25.00	0.10	25.10	
	沙蒿			1.50	1.50	
	无芒雀麦			0.50	0.50	
	羊草	0.30	12.00	0.50	12.50	
	羊柴			0.50	0.50	
	野豌豆			0.10	0.10	
兴安盟	合计	7.38	2 298.00		2 298.00	
	猫尾草	0.60	120.00		120.00	
	柠条	3.26	489.00		489.00	
	沙打旺	0.02	2.00		2.00	
	燕麦	0.80	1 410.00		1 410.00	
	羊草	0.40	40.00		40.00	
	羊柴	1.16	58.00		58.00	
	紫花苜蓿	1.14	179.00		179.00	

表 5-6　2010 年各盟市牧草种子生产情况

盟市	牧草种类	草种田面积/万亩	种子田生产量/吨	草场采种量/吨	草种生产量/吨	草种销售量/吨
全区		36.67	7 095.40	14 627.15	21 722.55	4 197.30
阿拉善盟	合计	2.04	227.50	313.00	540.50	
	沙蒿			213.00	213.00	
	紫花苜蓿	0.03	7.50		7.50	

（续）

盟市	牧草种类	草种田面积/万亩	种子田生产量/吨	草场采种量/吨	草种生产量/吨	草种销售量/吨
阿拉善盟	其他一年生牧草	0.01	20.00		20.00	
	其他多年生牧草	2.00	200.00	100.00	300.00	
巴彦淖尔市	合计	0.50	1 215.00		1 215.00	
	苏丹草	0.40	1 200.00		1 200.00	
	紫花苜蓿	0.10	15.00		15.00	
赤峰市	合计	4.70	299.00	1 945.00	2 244.00	1 200.00
	草木樨			50.00	50.00	50.00
	柠条			355.00	355.00	230.00
	沙打旺			480.00	480.00	400.00
	沙蒿			280.00	280.00	100.00
	羊草			30.00	30.00	
	羊柴			280.00	280.00	220.00
	紫花苜蓿	4.70	299.00	470.00	769.00	200.00
鄂尔多斯市	合计	16.25	4 068.00	6 340.00	10 408.00	800.00
	柠条			4 100.00	4 100.00	
	沙打旺	3.60	1 086.00		1 086.00	800.00
	沙蒿			960.00	960.00	
	羊柴			1 280.00	1 280.00	
	紫花苜蓿	12.45	2 970.00		2 970.00	
	其他多年生牧草	0.20	12.00		12.00	
呼和浩特市	合计	0.30	90.00	2 315.00	2 405.00	15.00
	柠条			2 200.00	2 200.00	
	羊柴			15.00	15.00	15.00
	紫花苜蓿	0.30	90.00	100.00	190.00	
呼伦贝尔市	合计	1.04	126.00	13.00	139.00	
	冰草	0.30				
	老芒麦	0.20				
	披碱草	0.20		10.00	10.00	
	羊草	0.30	120.00		120.00	
	紫花苜蓿	0.04	6.00	3.00	9.00	
通辽市	合计	4.00	332.80		332.80	
	柠条	3.50	296.00		296.00	
	沙打旺	0.30	16.80		16.80	
	紫花苜蓿	0.20	20.00		20.00	

（续）

盟市	牧草种类	草种田面积/万亩	种子田生产量/吨	草场采种量/吨	草种生产量/吨	草种销售量/吨
乌兰察布市	合计			3 633.50	3 633.50	2 180.00
	冰草			24.00	24.00	
	柠条			3 431.50	3 431.50	2 100.00
	羊柴			24.00	24.00	
	野豌豆			112.00	112.00	80.00
	其他一年生牧草			42.00	42.00	
锡林郭勒盟	合计	5.58	378.60	47.65	426.25	2.30
	冰草	1.83	181.80	30.00	211.80	1.80
	胡枝子			5.00	5.00	
	老芒麦	0.70	70.00	0.50	70.50	
	柠条	1.60	32.50	5.50	38.00	
	披碱草	0.64	76.80	4.00	80.80	
	沙打旺	0.50	5.00	0.05	5.05	
	沙蒿			1.50	1.50	
	羊草	0.30	12.00	0.50	12.50	
	羊柴			0.50	0.50	
	野豌豆			0.10	0.10	
	其他多年生牧草	0.01	0.50		0.50	0.50
兴安盟	合计	2.26	358.50	20.00	378.50	
	猫尾草	0.60	120.00		120.00	
	沙打旺	0.02	2.00		2.00	
	羊草	0.50	50.00		50.00	
	紫花苜蓿	1.14	186.50	20.00	206.50	

表 5－7　2011 年各盟市牧草种子生产情况

盟市	牧草种类	草种田面积/万亩	种子田生产量/吨	草场采种量/吨	草种生产量/吨	草种销售量/吨
全区		31.05	5 050.10	5 356.45	10 406.55	800.00
阿拉善盟	合计	0.04	35.00	243.00	278.00	
	沙蒿			163.00	163.00	
	紫花苜蓿	0.03	15.00		15.00	
	其他一年生牧草	0.01	20.00		20.00	

（续）

盟市	牧草种类	草种田面积/万亩	种子田生产量/吨	草场采种量/吨	草种生产量/吨	草种销售量/吨
阿拉善盟	其他多年生牧草			80.00	80.00	
巴彦淖尔市	合计	0.50	50.00		50.00	
	紫花苜蓿	0.50	50.00		50.00	
赤峰市	合计	4.03	320.60	1 652.50	1 973.10	
	柠条	2.60	182.00	100.00	282.00	
	沙蒿			200.00	200.00	
	羊柴			82.50	82.50	
	紫花苜蓿	1.43	138.60	1 270.00	1 408.60	
鄂尔多斯市	合计	12.70	2 414.00	120.00	2 534.00	
	草木樨	1.00	150.00		150.00	
	柠条			50.00	50.00	
	沙打旺	2.60	618.00		618.00	
	羊柴			70.00	70.00	
	紫花苜蓿	8.90	1 634.00		1 634.00	
	其他多年生牧草	0.20	12.00		12.00	
呼和浩特市	合计	2.77	881.00	350.00	1 231.00	
	羊柴	0.60	270.00	150.00	420.00	
	紫花苜蓿	2.17	611.00	200.00	811.00	
呼伦贝尔市	合计	1.15	347.00	53.00	400.00	
	冰草	0.30	90.00		90.00	
	老芒麦	0.20	80.00		80.00	
	披碱草	0.20	80.00	50.00	130.00	
	羊草	0.30	90.00		90.00	
	紫花苜蓿	0.15	7.00	3.00	10.00	
通辽市	合计	2.12	250.20	700.00	950.20	
	柠条	0.80	120.00	700.00	820.00	
	沙打旺	0.60	58.20		58.20	
	紫花苜蓿	0.72	72.00		72.00	
乌兰察布市	合计			2 202.00	2 202.00	800.00
	柠条			2 178.00	2 178.00	800.00
	羊柴			24.00	24.00	
锡林郭勒盟	合计	5.48	393.80	35.95	429.75	
	冰草	1.83	186.00	30.00	216.00	
	老芒麦	0.70	70.00	0.50	70.50	

（续）

盟市	牧草种类	草种田面积/万亩	种子田生产量/吨	草场采种量/吨	草种生产量/吨	草种销售量/吨
锡林郭勒盟	柠条	1.50	45.00	0.50	45.50	
	披碱草	0.64	76.80	4.00	80.80	
	沙打旺	0.50	5.00	0.05	5.05	
	无芒雀麦			0.40	0.40	
	羊草	0.30	9.00		9.00	
	羊柴			0.50	0.50	
	其他多年生牧草	0.01	2.00		2.00	
兴安盟	合计	2.26	358.50		358.50	
	猫尾草	0.60	120.00		120.00	
	柠条	0.50	50.00		50.00	
	沙打旺	0.02	2.00		2.00	
	紫花苜蓿	1.14	186.50		186.50	

表 5-8　2012 年各盟市牧草种子生产情况

盟市	牧草种类	草种田面积/万亩	种子田生产量/吨	草场采种量/吨	草种生产量/吨	草种销售量/吨
全区		10.93	1 950.95	7 353.50	9 304.45	1 103.00
阿拉善盟	合计	0.03	9.00	225.00	234.00	
	沙蒿			155.00	155.00	
	梭梭			20.00	20.00	
	紫花苜蓿	0.03	9.00		9.00	
	其他多年生牧草			50.00	50.00	
巴彦淖尔市	合计	0.50	50.00		50.00	
	紫花苜蓿	0.50	50.00		50.00	
鄂尔多斯市	合计	4.27	753.45	5 087.00	5 840.45	800.00
	草木樨	0.20	30.00	80.00	110.00	
	柠条			3 422.00	3 422.00	
	沙打旺	0.80	161.00		161.00	
	沙蒿	0.25	37.25	1 200.00	1 237.25	
	羊柴	0.80	88.00	385.00	473.00	
	紫花苜蓿	2.22	437.20		437.20	800.00
呼和浩特市	合计	0.75	212.50	98.00	310.50	133.00

（续）

盟市	牧草种类	草种田面积/万亩	种子田生产量/吨	草场采种量/吨	草种生产量/吨	草种销售量/吨
呼和浩特市	冰草			32.00	32.00	32.00
	羊柴			16.00	16.00	16.00
	紫花苜蓿	0.75	212.50	50.00	262.50	85.00
呼伦贝尔市	合计	2.05	355.00	2.00	357.00	
	冰草	0.30	75.00		75.00	
	老芒麦	0.20	40.00		40.00	
	披碱草	0.95	190.00		190.00	
	羊草	0.30	30.00		30.00	
	紫花苜蓿	0.30	20.00	2.00	22.00	
通辽市	合计	1.25	464.00	1 110.00	1 574.00	
	柠条			1 110.00	1 110.00	
	沙打旺	0.43	218.00		218.00	
	紫花苜蓿	0.82	246.00		246.00	
乌兰察布市	合计			707.00	707.00	170.00
	冰草			25.50	25.50	
	草木樨			207.50	207.50	50.00
	柠条			438.00	438.00	120.00
	披碱草			15.00	15.00	
	紫花苜蓿			21.00	21.00	
锡林郭勒盟	合计	1.68	78.00	124.50	202.50	
	冰草	0.03	6.00	120.00	126.00	
	老芒麦	0.70	35.00	0.50	35.50	
	披碱草	0.64	32.00	4.00	36.00	
	羊草	0.30	3.00		3.00	
	其他多年生牧草	0.01	2.00		2.00	
兴安盟	合计	0.40	29.00		29.00	
	猫尾草	0.06	3.60		3.60	
	紫花苜蓿	0.34	25.40		25.40	

表5-9　2013年各盟市牧草种子生产情况

盟市	牧草种类	草种田面积/万亩	种子田生产量/吨	草场采种量/吨	草种生产量/吨	草种销售量/吨
全区		9.45	1 713.80	4 891.00	6 604.80	1 879.50
阿拉善盟	合计			50.00	50.00	
	其他多年生牧草			50.00	50.00	
巴彦淖尔市	合计	0.60	180.00		180.00	
	紫花苜蓿	0.60	180.00		180.00	
赤峰市	合计			1 696.00	1 696.00	1 278.50
	柠条			766.00	766.00	666.00
	沙打旺			110.00	110.00	
	沙蒿			385.00	385.00	385.00
	羊柴			210.00	210.00	210.00
	紫花苜蓿			225.00	225.00	17.50
鄂尔多斯市	合计	4.88	867.80	2 894.00	3 761.80	500.00
	柠条			1 117.00	1 117.00	
	沙打旺	0.30	36.00	975.00	1 011.00	
	沙蒿			537.00	537.00	
	羊柴			265.00	265.00	
	紫花苜蓿	4.58	831.80		831.80	500.00
呼和浩特市	合计	0.75	132.50	66.00	198.50	101.00
	羊柴			16.00	16.00	16.00
	紫花苜蓿	0.75	132.50	50.00	182.50	85.00
呼伦贝尔市	合计	1.85	280.40		280.40	
	冰草	0.50	75.00		75.00	
	老芒麦	0.20	40.00		40.00	
	披碱草	0.20	40.00		40.00	
	羊草	0.30	75.00		75.00	
	紫花苜蓿	0.65	50.40		50.40	
通辽市	合计	0.60	180.00		180.00	
	紫花苜蓿	0.60	180.00		180.00	
乌兰察布市	合计			185.00	185.00	
	冰草			25.00	25.00	
	柠条			145.00	145.00	
	披碱草			15.00	15.00	

（续）

盟市	牧草种类	草种田面积/万亩	种子田生产量/吨	草场采种量/吨	草种生产量/吨	草种销售量/吨
锡林郭勒盟	合计	0.41	47.00		47.00	
	冰草	0.10	10.00		10.00	
	披碱草	0.06	12.00		12.00	
	紫花苜蓿	0.25	25.00		25.00	
兴安盟	合计	0.36	26.10		26.10	
	猫尾草	0.06	3.60		3.60	
	紫花苜蓿	0.30	22.50		22.50	

表 5-10　2014 年各盟市牧草种子生产情况

盟市	牧草种类	草种田面积/万亩	种子田生产量/吨	草场采种量/吨	草种生产量/吨	草种销售量/吨
全区		11.39	1 376.25	6 109.12	7 485.37	1 409.44
巴彦淖尔市	合计	0.56	59.00	10.00	69.00	30.00
	紫花苜蓿	0.56	59.00	10.00	69.00	30.00
赤峰市	合计	0.40	60.00	1 848.70	1 908.70	932.24
	柠条			1 104.00	1 104.00	696.00
	沙打旺			250.00	250.00	50.00
	羊柴			302.00	302.00	152.00
	紫花苜蓿	0.40	60.00	192.70	252.70	34.24
鄂尔多斯市	合计	3.80	631.00	2 886.00	3 517.00	100.00
	草木樨			280.00	280.00	
	柠条			1 496.00	1 496.00	
	沙打旺	0.30	36.00	900.00	936.00	
	羊柴			210.00	210.00	
	紫花苜蓿	3.50	595.00		595.00	100.00
呼和浩特市	合计	0.75	132.50	66.00	198.50	101.00
	羊柴			16.00	16.00	16.00
	紫花苜蓿	0.75	132.50	50.00	182.50	85.00
呼伦贝尔市	合计	3.52	43.08		43.08	
	冰草	0.38	1.72		1.72	
	老芒麦	0.20	2.00		2.00	
	披碱草	0.70	32.50		32.50	

（续）

盟市	牧草种类	草种田面积/万亩	种子田生产量/吨	草场采种量/吨	草种生产量/吨	草种销售量/吨
呼伦贝尔市	无芒雀麦	0.01	0.48		0.48	
	羊草	0.32	0.50		0.50	
	紫花苜蓿	0.69	3.00		3.00	
	其他多年生牧草	1.22	2.88		2.88	
通辽市	合计	1.10	280.00	1 000.00	1 280.00	185.00
	柠条			1 000.00	1 000.00	185.00
	紫花苜蓿	1.10	280.00		280.00	
乌兰察布市	合计	0.65	100.00	235.72	335.72	54.00
	草木樨			17.00	17.00	15.00
	柠条			191.40	191.40	21.00
	野豌豆			10.50	10.50	8.00
	紫花苜蓿	0.65	100.00	16.82	116.82	10.00
锡林郭勒盟	合计	0.61	70.68	62.70	133.38	7.20
	冰草	0.13	18.90	28.90	47.80	3.90
	老芒麦	0.01	1.50	1.50	3.00	1.50
	披碱草	0.07	19.80	1.80	21.60	1.80
	紫花苜蓿	0.40	30.48	30.50	60.98	

表 5-1　2015 年各盟市牧草种子生产情况

盟市	牧草种类	草种田面积/万亩	种子田生产量/吨	草场采种量/吨	草种生产量/吨	草种销售量/吨
全区		10.29	1 579.15	14 353.20	15 932.35	7 969.90
阿拉善盟	合计			50.00	50.00	
	其他多年生牧草			50.00	50.00	
巴彦淖尔市	合计	0.86	112.00		112.00	10.00
	紫花苜蓿	0.86	112.00		112.00	10.00
包头市	合计	0.15	20.00		20.00	
	紫花苜蓿	0.15	20.00		20.00	
赤峰市	合计	1.48	198.40	7 134.00	7 332.40	7 179.40
	柠条			2 124.00	2 124.00	2 016.00
	沙打旺			1 000.00	1 000.00	1 000.00
	沙蒿			385.00	385.00	385.00

（续）

盟市	牧草种类	草种田面积/万亩	种子田生产量/吨	草场采种量/吨	草种生产量/吨	草种销售量/吨
赤峰市	羊柴			1 112.00	1 112.00	1 112.00
	紫花苜蓿	1.48	198.40	2 513.00	2 711.40	2 666.40
鄂尔多斯市	合计	4.40	810.00	5 293.20	6 103.20	
	柠条			3 070.00	3 070.00	
	沙打旺			700.00	700.00	
	沙蒿			844.70	844.70	
	羊柴			678.50	678.50	
	紫花苜蓿	4.40	810.00		810.00	
呼伦贝尔市	合计	1.66	112.75		112.75	
	紫花苜蓿	1.34	111.25		111.25	
	其他多年生牧草	0.32	1.50		1.50	
通辽市	合计	0.40	60.00	800.00	860.00	
	柠条			800.00	800.00	
	紫花苜蓿	0.40	60.00		60.00	
乌兰察布市	合计	0.89	255.50	1 066.00	1 321.50	780.50
	柠条			1 066.00	1 066.00	533.00
	紫花苜蓿	0.85	247.50		247.50	247.50
	其他多年生牧草	0.04	8.00		8.00	
锡林郭勒盟	合计	0.45	10.50	10.00	20.50	
	冰草	0.29		10.00	10.00	
	老芒麦	0.02				
	紫花苜蓿	0.15	10.50		10.50	

表 5-12　2016 年各盟市牧草种子生产情况

盟市	牧草种类	草种田面积/万亩	种子田生产量/吨	草场采种量/吨	草种生产量/吨	草种销售量/吨
全区		11.79	1 660.00	3 802.10	5 462.10	3 225.10
阿拉善盟	合计	0.20	44.00	1 540.00	1 584.00	1 190.00
	沙蒿			1 170.00	1 170.00	900.00
	紫花苜蓿	0.20	44.00		44.00	40.00
	其他多年生牧草			370.00	370.00	250.00
巴彦淖尔市	合计	0.80	164.00		164.00	115.00

（续）

盟市	牧草种类	草种田面积/万亩	种子田生产量/吨	草场采种量/吨	草种生产量/吨	草种销售量/吨
巴彦淖尔市	紫花苜蓿	0.80	164.00		164.00	115.00
包头市	合计	0.50	50.00		50.00	
	紫花苜蓿	0.50	50.00		50.00	
赤峰市	合计	3.40	152.50	1 350.00	1 502.50	1 437.50
	柠条			258.00	258.00	258.00
	沙打旺	0.50	62.50		62.50	62.50
	羊柴			127.00	127.00	127.00
	紫花苜蓿	2.90	90.00	965.00	1 055.00	990.00
鄂尔多斯市	合计	3.23	649.50	782.00	1 431.50	247.50
	柠条	0.10		412.00	412.00	
	沙打旺			200.00	200.00	
	羊柴			100.00	100.00	
	紫花苜蓿	3.13	649.50	70.00	719.50	247.50
呼伦贝尔市	合计	1.82	269.50		269.50	
	冰草	0.10				
	燕麦	0.10	120.00		120.00	
	羊草	0.02				
	紫花苜蓿	1.60	149.50		149.50	
通辽市	合计	0.80	123.00		123.00	68.50
	紫花苜蓿	0.80	123.00		123.00	68.50
乌兰察布市	合计	0.54	173.00	1.60	174.60	166.60
	柠条			1.40	1.40	1.40
	紫花苜蓿	0.50	165.00	0.20	165.20	165.20
	其他多年生牧草	0.04	8.00		8.00	
锡林郭勒盟	合计	0.50	34.50	128.50	163.00	
	冰草	0.28	27.00	127.00	154.00	
	老芒麦	0.01	1.50	1.50	3.00	
	披碱草	0.06				
	紫花苜蓿	0.15	6.00		6.00	

表 5-11　2017 年各盟市牧草种子生产情况

盟市	牧草种类	草种田面积/万亩	种子田生产量/吨	草场采种量/吨	草种生产量/吨	草种销售量/吨
	全区	14.06	3 277.90	4 718.60	7 996.50	2 872.60
阿拉善盟	合计	0.36	61.50	1 440.00	1 501.50	1 058.00
	沙蒿			1 170.00	1 170.00	900.00
	羊柴			220.00	220.00	140.00
	紫花苜蓿	0.36	61.50		61.50	18.00
	其他多年生牧草			50.00	50.00	
巴彦淖尔市	合计	0.76	132.00		132.00	98.00
	紫花苜蓿	0.76	132.00		132.00	98.00
包头市	合计	0.07	14.00		14.00	
	紫花苜蓿	0.07	14.00		14.00	
赤峰市	合计	5.10	752.50	95.00	847.50	392.50
	柠条			80.00	80.00	80.00
	沙打旺	0.50	62.50		62.50	62.50
	紫花苜蓿	4.60	690.00	15.00	705.00	250.00
鄂尔多斯市	合计	3.53	746.50	2 940.00	3 686.50	292.50
	柠条			1 372.00	1 372.00	
	沙打旺			168.00	168.00	
	沙蒿			800.00	800.00	
	羊柴			600.00	600.00	
	紫花苜蓿	3.53	746.50		746.50	292.50
呼伦贝尔市	合计	1.72	60.50		60.50	
	冰草	0.10	1.00		1.00	
	羊草	0.02	0.20		0.20	
	紫花苜蓿	1.50	58.30		58.30	
	其他多年生牧草	0.10	1.00		1.00	
通辽市	合计	0.40	105.00		105.00	40.00
	紫花苜蓿	0.40	105.00		105.00	40.00
乌兰察布市	合计	1.95	1 396.00	212.60	1 608.60	991.60
	柠条			206.40	206.40	1.40
	燕麦	0.60	1 000.00		1 000.00	600.00
	紫花苜蓿	1.30	390.00	0.20	390.20	390.20
	其他多年生牧草	0.05	6.00	6.00	12.00	

（续）

盟市	牧草种类	草种田面积/万亩	种子田生产量/吨	草场采种量/吨	草种生产量/吨	草种销售量/吨
锡林郭勒盟	合计	0.17	9.90	31.00	40.90	
	冰草			31.00	31.00	
	紫花苜蓿	0.17	9.90		9.90	

表5-12　2018年各盟市牧草种子生产情况

盟市	牧草种类	草种田面积/万亩	种子田生产量/吨	草场采种量/吨	草种生产量/吨	草种销售量/吨
全区		11.12	2 739.97	9 523.00	12 262.97	5 177.85
阿拉善盟	合计	0.20	35.00	4 640.00	4 675.00	1 360.00
	沙蒿			1 310.00	1 310.00	960.00
	梭梭			2 780.00	2 780.00	
	羊柴			200.00	200.00	100.00
	紫花苜蓿	0.20	35.00		35.00	
	其他多年生牧草			350.00	350.00	300.00
巴彦淖尔市	合计	0.66	72.00		72.00	52.00
	紫花苜蓿	0.66	72.00		72.00	52.00
包头市	合计	0.07	14.00		14.00	
	紫花苜蓿	0.07	14.00		14.00	
赤峰市	合计	4.00	492.50	92.00	584.50	407.50
	柠条			80.00	80.00	80.00
	沙打旺	0.50	62.50		62.50	62.50
	紫花苜蓿	3.50	430.00	12.00	442.00	265.00
鄂尔多斯市	合计	1.38	304.00	2 590.00	2 894.00	265.00
	柠条			1 200.00	1 200.00	
	沙蒿			800.00	800.00	
	羊柴			500.00	500.00	
	紫花苜蓿	1.38	304.00	90.00	394.00	265.00
呼伦贝尔市	合计	2.21	244.67	334.40	579.07	1.75
	紫花苜蓿	2.21	244.67	334.40	579.07	1.75
通辽市	合计			5.00	5.00	2 000.00
	柠条			5.00	5.00	2 000.00
乌兰察布市	合计	2.08	1 549.60	1 861.60	3 411.20	1 091.60

（续）

盟市	牧草种类	草种田面积/万亩	种子田生产量/吨	草场采种量/吨	草种生产量/吨	草种销售量/吨
乌兰察布市	柠条			1 861.40	1 861.40	1.40
	燕麦	0.70	1 150.00		1 150.00	700.00
	紫花苜蓿	1.30	390.00	0.20	390.20	390.20
	其他多年生牧草	0.08	9.60		9.60	
锡林郭勒盟	合计	0.52	28.20		28.20	
	冰草	0.27	2.70		2.70	
	羊草	0.04	6.00		6.00	
	紫花苜蓿	0.06	18.00		18.00	
	其他多年生牧草	0.15	1.50		1.50	

六、商品草生产情况

NEIMENGGU CAOYE TONGJI
(2009—2018)

表 6-1　2009—2018 年全区商品草分种类生产销售情况

年度	牧草种类	生产面积/万亩	单位面积产量/（千克/亩）	总生产量/吨	销售量/吨
2009 年	合计	117.66	87.67	103 150.00	81 030.00
	披碱草	2.00	250.00	5 000.00	460.00
	紫花苜蓿	23.66	254.27	60 160.00	56 570.00
	其他多年生牧草	92.00	41.29	37 990.00	24 000.00
2010 年	合计	317.40	51.58	163 708.00	90 582.00
	草谷子	0.50	200.00	1 000.00	50.00
	披碱草	0.50	180.00	900.00	250.00
	羊草	6.00	55.00	3 300.00	3 300.00
	紫花苜蓿	18.40	328.90	60 518.00	62 982.00
	其他多年生牧草	292.00	33.56	97 990.00	24 000.00
2011 年	合计	786.15	113.14	889 423.60	645 250.60
	草谷子	0.80	85.00	680.00	680.00
	披碱草	0.30	85.00	255.00	200.00
	青饲、青贮玉米	0.05	3 000.00	1 500.00	1 250.00
	燕麦	1.60	85.00	1 360.00	600.00
	羊草	316.60	60.00	189 960.00	189 960.00
	紫花苜蓿	108.80	467.14	508 248.60	371 468.60
	其他多年生牧草	358.00	52.35	187 420.00	81 092.00
2012 年	合计	41.19	841.93	346 790.00	216 115.00
	披碱草	0.30	90.00	270.00	251.00
	燕麦	1.91	110.00	2 101.00	1 800.00

（续）

年度	牧草种类	生产面积/万亩	单位面积产量/（千克/亩）	总生产量/吨	销售量/吨
2012年	紫花苜蓿	38.98	883.58	344 419.00	214 064.00
2013年	合计	1 348.30	85.85	1 157 575.00	543 896.50
	披碱草	0.30	100.00	300.00	255.00
	燕麦	1.70	130.00	2 210.00	1 800.00
	羊草	1 225.70	53.69	658 040.00	207 540.00
	紫花苜蓿	120.60	412.13	497 025.00	334 301.50
2014年	合计	2 419.40	74.02	1 790 800.00	2 103 360.00
	披碱草	0.35	100.00	350.00	260.00
	燕麦	15.50	474.71	73 580.00	72 940.00
	羊草	2 289.05	52.52	1 202 115.00	1 623 600.00
	紫花苜蓿	114.42	448.13	512 755.00	406 560.00
	其他一年生牧草	0.08	2 500.00	2 000.00	
2015年	合计	1 108.43	128.50	1 424 367.80	619 365.56
	草谷子	0.05	400.00	200.00	200.00
	披碱草	0.35	100.00	350.00	260.00
	青饲、青贮玉米	20.05	1 007.33	201 940.00	110 287.00
	燕麦	8.10	427.04	34 590.00	24 420.00
	羊草	893.59	67.39	602 152.00	111 918.56
	紫花苜蓿	152.29	373.50	568 815.80	355 960.00
	其他多年生牧草	34.00	48.00	16 320.00	16 320.00
2016年	合计	882.13	213.94	1 887 212.95	791 015.00
	草谷子	0.05	1 000.00	500.00	500.00
	青饲、青贮玉米	5.27	1 664.33	87 660.00	67 940.00

（续）

年度	牧草种类	生产面积/万亩	单位面积产量/（千克/亩）	总生产量/吨	销售量/吨
2016 年	燕麦	30.18	721.36	217 736.00	184 000.00
	羊草	600.00	46.75	280 500.00	9 955.00
	紫花苜蓿	160.63	454.98	730 816.95	474 620.00
	其他一年生牧草	86.00	662.79	570 000.00	54 000.00
2017 年	合计	220.34	525.28	1 157 408.95	805 720.00
	冰草	2.50	20.00	500.00	
	草谷子	2.00	500.00	10 000.00	500.00
	青饲、青贮高粱	0.20	3 000.00	6 000.00	10 000.00
	青饲、青贮玉米	6.17	2 151.70	132 760.00	32 760.00
	燕麦	31.50	750.00	236 250.00	218 850.00
	紫花苜蓿	154.47	447.65	691 478.95	492 810.00
	其他一年生牧草	23.50	376.67	80 420.00	50 800.00
2018 年	合计	239.18	661.75	1 582 782.10	798 693.25
	草谷子	6.50	576.92	37 500.00	1 536.00
	墨西哥类玉米	44.30	1 137.22	503 790.00	191 040.00
	青莜麦	0.20	337.20	674.40	607.00
	青饲、青贮高粱	1.05	2 330.00	24 465.00	24 465.00
	青饲、青贮玉米	14.84	1 304.99	193 660.00	165 195.00
	燕麦	47.21	458.09	216 266.00	205 541.00
	籽粒苋	0.52	1 800.00	9 360.00	9 360.00
	紫花苜蓿	124.56	479.34	597 066.70	200 949.25

表 6-2　2009—2018 年各盟市商品草生产销售情况

盟市	类别	2009 年	2010 年	2011 年	2012 年	2013 年	2014 年	2015 年	2016 年	2017 年	2018 年
全区	生产面积/万亩	117.66	317.40	786.15	41.19	1 348.30	2 419.40	1 108.43	882.13	220.34	239.18
	总生产量/吨	103 150.00	163 708.00	889 423.60	346 790.00	1 157 575.00	1 790 800.00	1 424 367.80	1 887 212.95	1 157 408.95	1 582 782.10
	销售量/吨	81 030.00	90 582.00	645 250.60	216 115.00	543 896.50	2 103 360.00	619 365.56	791 015.00	805 720.00	798 693.25
阿拉善盟	生产面积/万亩							1.20	1.13	1.17	1.17
	总生产量/吨							24 000.00	42 940.00	32 760.00	44 460.00
	销售量/吨							24 000.00	42 940.00	32 760.00	44 460.00
巴彦淖尔市	生产面积/万亩						1.86	6.21	4.80	5.61	33.20
	总生产量/吨						15 950.00	34 476.80	31 600.00	36 970.00	527 712.00
	销售量/吨						7 380.00	24 160.00	28 540.00	37 210.00	205 613.00
包头市	生产面积/万亩	2.40						4.65	82.15	21.50	33.30
	总生产量/吨	4 540.00						57 100.00	410 900.00	74 420.00	144 990.00
	销售量/吨	950.00						600.00	50 900.00	51 300.00	60 078.00
赤峰市	生产面积/万亩			73.48		91.50	93.00	55.10	108.06	97.90	119.40
	总生产量/吨			197 739.60		293 475.00	336 415.00	102 850.00	473 486.00	480 600.00	545 250.00
	销售量/吨			167 319.60		191 001.50	316 040.00	62 000.00	402 100.00	446 100.00	260 810.00
鄂尔多斯市	生产面积/万亩			24.00	28.00	27.00	31.00	22.40	25.00	23.40	12.60
	总生产量/吨			246 000.00	280 000.00	189 000.00	218 000.00	149 920.00	167 150.00	160 740.00	75 100.00
	销售量/吨			140 000.00	150 000.00	130 000.00	140 000.00	150 320.00	49 450.00	33 900.00	31 000.00
呼和浩特市	生产面积/万亩	0.26						15.29	17.00	11.00	11.52
	总生产量/吨	1 820.00						65 508.90	99 000.00	66 000.00	63 930.00

（续）

盟市	类别	2009 年	2010 年	2011 年	2012 年	2013 年	2014 年	2015 年	2016 年	2017 年	2018 年
呼和浩特市	销售量/吨	1 820.00						50 000.00	87 000.00	63 000.00	43 717.25
呼伦贝尔市	生产面积/万亩	2.00	1.00	2.70	2.21	27.70	291.44	291.44	6.21	10.60	0.20
	总生产量/吨	5 000.00	1 900.00	2 295.00	2 371.00	30 550.00	305 885.00	211 385.00	31 390.00	15 048.00	700.00
	销售量/吨	460.00	300.00	1 480.00	2 051.00	29 595.00	81 640.00	81 640.00	13 840.00	7 560.00	
通辽市	生产面积/万亩	5.00	4.40	10.98	10.98	2.10	2.10	35.30	19.28	33.40	10.23
	总生产量/吨	45 000.00	39 518.00	64 419.00	64 419.00	14 550.00	14 550.00	153 650.00	112 500.00	239 500.00	70 730.00
	销售量/吨	45 000.00	41 982.00	64 064.00	64 064.00	13 300.00	13 300.00	96 925.00	75 500.00	117 500.00	50 405.00
乌兰察布市	生产面积/万亩								2.00	10.71	15.59
	总生产量/吨								8 200.00	32 030.00	102 443.70
	销售量/吨								1 700.00	15 300.00	95 640.00
锡林郭勒盟	生产面积/万亩	92.00	292.00	674.69		1 200.00	2 000.00	649.03	616.50	4.65	1.97
	总生产量/吨	37 990.00	97 990.00	378 940.00		630 000.00	900 000.00	525 772.50	510 046.95	17 340.95	7 466.40
	销售量/吨	24 000.00	24 000.00	272 362.00		180 000.00	1 545 000.00	119 220.56	39 045.00	1 090.00	6 970.00
兴安盟	生产面积/万亩	16.00	20.00	0.30				27.80		0.40	
	总生产量/吨	8 800.00	24 300.00	30.00				99 704.60		2 000.00	
	销售量/吨	8 800.00	24 300.00	25.00				10 500.00			

表 6-3　2009—2018 年各盟市商品草分种类种植面积情况

单位：万亩

盟市	牧草种类	2009 年	2010 年	2011 年	2012 年	2013 年	2014 年	2015 年	2016 年	2017 年	2018 年
全区		117.66	317.40	786.15	41.19	1 348.30	2 419.40	1 108.43	882.13	220.34	239.18
阿拉善盟	合计							1.20	1.13	1.17	1.17
	青饲、青贮玉米							1.20	1.13	1.17	1.17
巴彦淖尔市	合计						1.86	6.21	4.80	5.61	33.20
	墨西哥类玉米										24.00
	青饲、青贮高粱									0.20	1.05
	青饲、青贮玉米										5.00
	燕麦										0.43
	籽粒苋										0.52
	紫花苜蓿						1.78	6.21	4.80	5.41	2.20
	其他一年生牧草						0.08				
包头市	合计	2.40						4.65	82.15	21.50	33.30
	草谷子							0.05	0.05	2.00	6.00
	墨西哥类玉米										20.30
	青饲、青贮玉米							3.50			
	紫花苜蓿	2.40						1.10	0.10		7.00
	其他一年生牧草								82.00	19.50	
赤峰市	合计			73.48		91.50	93.00	55.10	108.06	97.90	119.40

（续）

盟市	牧草种类	2009年	2010年	2011年	2012年	2013年	2014年	2015年	2016年	2017年	2018年
赤峰市	燕麦						13.70		19.00	22.00	41.00
	紫花苜蓿			73.48		91.50	79.30	55.10	89.06	75.90	78.40
鄂尔多斯市	合计			24.00	28.00	27.00	31.00	22.40	25.00	23.40	12.60
	燕麦								1.40	0.80	1.50
	紫花苜蓿			24.00	28.00	27.00	31.00	22.40	23.60	22.60	11.10
呼和浩特市	合计	0.26						15.29	17.00	11.00	11.52
	紫花苜蓿	0.26						15.29	17.00	11.00	11.52
呼伦贝尔市	合计	2.00	1.00	2.70	2.21	27.70	291.44	291.44	6.21	10.60	0.20
	冰草									2.50	
	草谷子		0.50	0.80							
	披碱草	2.00	0.50	0.30	0.30	0.30	0.35	0.35			
	青饲、青贮玉米								0.67		
	燕麦			1.60	1.91	1.70	1.80	1.80			
	羊草					25.70	289.05	289.05			
	紫花苜蓿						0.24	0.24	5.54	8.10	0.20
通辽市	合计	5.00	4.40	10.98	10.98	2.10	2.10	35.30	19.28	33.40	10.23
	青饲、青贮玉米							11.00		5.00	5.00
	燕麦							0.80	0.70	7.70	1.33
	紫花苜蓿	5.00	4.40	10.98	10.98	2.10	2.10	23.50	18.58	20.70	3.90
乌兰察布市	合计								2.00	10.71	15.59

（续）

盟市	牧草种类	2009 年	2010 年	2011 年	2012 年	2013 年	2014 年	2015 年	2016 年	2017 年	2018 年
乌兰察布市	草谷子										0.50
	青莜麦										0.08
	青饲、青贮玉米										3.50
	燕麦								0.70	1.00	2.80
	紫花苜蓿								1.30	9.71	8.71
锡林郭勒盟	合计	92.00	292.00	674.69		1 200.00	2 000.00	649.03	616.50	4.65	1.97
	青饲、青贮玉米			0.05				4.35	3.47		0.17
	青莜麦										0.12
	燕麦							5.50	8.38		0.15
	羊草			316.60		1 200.00	2 000.00	604.54	600.00		
	紫花苜蓿			0.04				0.65	0.65	0.65	1.53
	其他一年生牧草								4.00	4.00	
	其他多年生牧草	92.00	292.00	358.00				34.00			
兴安盟	合计	16.00	20.00	0.30				27.80		0.40	
	羊草		6.00								
	紫花苜蓿	16.00	14.00	0.30				27.80		0.40	

表 6-4　2009—2018 年各盟市商品草分种类生产量

单位：吨

盟市	牧草种类	2009 年	2010 年	2011 年	2012 年	2013 年	2014 年	2015 年	2016 年	2017 年	2018 年
	全区	103 150.00	163 708.00	889 423.60	346 790.00	1 157 575.00	1 790 800.00	1 424 367.80	1 887 212.95	1 157 408.95	1 582 782.10
阿拉善盟	合计							24 000.00	42 940.00	32 760.00	44 460.00
	青饲、青贮玉米							24 000.00	42 940.00	32 760.00	44 460.00
巴彦淖尔市	合计						15 950.00	34 476.80	31 600.00	36 970.00	527 712.00
	墨西哥类玉米										436 800.00
	青饲、青贮高粱									6 000.00	24 465.00
	青饲、青贮玉米										44 150.00
	燕麦										2 203.00
	籽粒苋										9 360.00
	紫花苜蓿						13 950.00	34 476.80	31 600.00	30 970.00	10 734.00
	其他一年生牧草						2 000.00				
包头市	合计	4 540.00						57 100.00	410 900.00	74 420.00	144 990.00
	草谷子							200.00	500.00	10 000.00	36 000.00
	墨西哥类玉米										66 990.00
	青饲、青贮玉米							52 500.00			
	紫花苜蓿	4 540.00						4 400.00	400.00		42 000.00
	其他一年生牧草								410 000.00	64 420.00	

（续）

盟市	牧草种类	2009 年	2010 年	2011 年	2012 年	2013 年	2014 年	2015 年	2016 年	2017 年	2018 年
赤峰市	合计			197 739.60		293 475.00	336 415.00	102 850.00	473 486.00	480 600.00	545 250.00
	燕麦						71 240.00		169 100.00	192 900.00	188 000.00
	紫花苜蓿			197 739.60		293 475.00	265 175.00	102 850.00	304 386.00	287 700.00	357 250.00
鄂尔多斯市	合计			246 000.00	280 000.00	189 000.00	218 000.00	149 920.00	167 150.00	160 740.00	75 100.00
	燕麦								7 950.00	6 400.00	4 500.00
	紫花苜蓿			246 000.00	280 000.00	189 000.00	218 000.00	149 920.00	159 200.00	154 340.00	70 600.00
呼和浩特市	合计	1 820.00						65 508.90	99 000.00	66 000.00	63 930.00
	紫花苜蓿	1 820.00						65 508.90	99 000.00	66 000.00	63 930.00
呼伦贝尔市	合计	5 000.00	1 900.00	2 295.00	2 371.00	30 550.00	305 885.00	211 385.00	31 390.00	15 048.00	700.00
	冰草									500.00	
	草谷子		1 000.00	680.00							
	披碱草	5 000.00	900.00	255.00	270.00	300.00	350.00	350.00			
	青饲、青贮玉米								10 050.00		
	燕麦			1 360.00	2 101.00	2 210.00	2 340.00	2 340.00			
	羊草					28 040.00	302 115.00	207 615.00			
	紫花苜蓿						1 080.00	1 080.00	21 340.00	14 548.00	700.00
通辽市	合计	45 000.00	39 518.00	64 419.00	64 419.00	14 550.00	14 550.00	153 650.00	112 500.00	239 500.00	70 730.00
	青饲、青贮玉米							38 500.00		100 000.00	50 000.00
	燕麦							6 400.00	2 950.00	30 950.00	6 230.00
	紫花苜蓿	45 000.00	39 518.00	64 419.00	64 419.00	14 550.00	14 550.00	108 750.00	109 550.00	108 550.00	14 500.00

（续）

盟市	牧草种类	2009 年	2010 年	2011 年	2012 年	2013 年	2014 年	2015 年	2016 年	2017 年	2018 年
乌兰察布市	合计								8 200.00	32 030.00	102 443.70
	草谷子										1 500.00
	青莜麦										240.00
	青饲、青贮玉米										52 500.00
	燕麦								4 200.00	6 000.00	15 000.00
	紫花苜蓿								4 000.00	26 030.00	33 203.70
锡林郭勒盟	合计	37 990.00	97 990.00	378 940.00		630 000.00	900 000.00	525 772.50	510 046.95	17 340.95	7 466.40
	青饲、青贮玉米			1 500.00				86 940.00	34 670.00		2 550.00
	青莜麦										434.40
	燕麦							25 850.00	33 536.00		333.00
	羊草			189 960.00		630 000.00	900 000.00	394 537.00	280 500.00		
	紫花苜蓿			60.00				2 125.50	1 340.95	1 340.95	4 149.00
	其他一年生牧草								160 000.00	16 000.00	
	其他多年生牧草	37 990.00	97 990.00	187 420.00				16 320.00			
兴安盟	合计	8 800.00	24 300.00	30.00				99 704.60		2 000.00	
	羊草		3 300.00								
	紫花苜蓿	8 800.00	21 000.00	30.00				99 704.60		2 000.00	

表 6-5　2009—2018 年各盟市商品草分种类销售量

单位：吨

盟市	牧草种类	2009 年	2010 年	2011 年	2012 年	2013 年	2014 年	2015 年	2016 年	2017 年	2018 年
	全区	81 030.00	90 582.00	645 250.60	216 115.00	543 896.50	2 103 360.00	619 365.56	791 015.00	805 720.00	798 693.25
阿拉善盟	合计							24 000.00	42 940.00	32 760.00	44 460.00
	青饲、青贮玉米							24 000.00	42 940.00	32 760.00	44 460.00
巴彦淖尔市	合计						7 380.00	24 160.00	28 540.00	37 210.00	205 613.00
	墨西哥类玉米										131 040.00
	青饲、青贮高粱									10 000.00	24 465.00
	青饲、青贮玉米										30 905.00
	燕麦										2 203.00
	籽粒苋										9 360.00
	紫花苜蓿						7 380.00	24 160.00	28 540.00	27 210.00	7 640.00
	其他一年生牧草										
包头市	合计	950.00						600.00	50 900.00	51 300.00	60 078.00
	草谷子							200.00	500.00	500.00	36.00
	墨西哥类玉米										60 000.00
	青饲、青贮玉米										
	紫花苜蓿	950.00						400.00	400.00		42.00
	其他一年生牧草								50 000.00	50 800.00	

（续）

盟市	牧草种类	2009 年	2010 年	2011 年	2012 年	2013 年	2014 年	2015 年	2016 年	2017 年	2018 年
赤峰市	合计			167 319.60		191 001.50	316 040.00	62 000.00	402 100.00	446 100.00	260 810.00
	燕麦						71 240.00		169 100.00	188 900.00	183 000.00
	紫花苜蓿			167 319.60		191 001.50	244 800.00	62 000.00	233 000.00	257 200.00	77 810.00
鄂尔多斯市	合计			140 000.00	150 000.00	130 000.00	140 000.00	150 320.00	49 450.00	33 900.00	31 000.00
	燕麦								4 950.00		3 000.00
	紫花苜蓿			140 000.00	150 000.00	130 000.00	140 000.00	150 320.00	44 500.00	33 900.00	28 000.00
呼和浩特市	合计	1 820.00						50 000.00	87 000.00	63 000.00	43 717.25
	紫花苜蓿	1 820.00						50 000.00	87 000.00	63 000.00	43 717.25
呼伦贝尔市	合计	460.00	300.00	1 480.00	2 051.00	29 595.00	81 640.00	81 640.00	13 840.00	7 560.00	
	冰草										
	草谷子		50.00	680.00							
	披碱草	460.00	250.00	200.00	251.00	255.00	260.00	260.00			
	青饲、青贮玉米								8 000.00		
	燕麦			600.00	1 800.00	1 800.00	1 700.00	1 700.00			
	羊草					27 540.00	78 600.00	78 600.00			
	紫花苜蓿						1 080.00	1 080.00	5 840.00	7 560.00	
通辽市	合计	45 000.00	41 982.00	64 064.00	64 064.00	13 300.00	13 300.00	96 925.00	75 500.00	117 500.00	50 405.00
	青饲、青贮玉米							34 650.00			35 000.00
	燕麦							6 400.00	2 950.00	26 950.00	5 005.00
	紫花苜蓿	45 000.00	41 982.00	64 064.00	64 064.00	13 300.00	13 300.00	55 875.00	72 550.00	90 550.00	10 400.00
乌兰察布市	合计								1 700.00	15 300.00	95 640.00

（续）

盟市	牧草种类	2009 年	2010 年	2011 年	2012 年	2013 年	2014 年	2015 年	2016 年	2017 年	2018 年
乌兰察布市	草谷子										1 500.00
	青莜麦										240.00
	青饲、青贮玉米										52 500.00
	燕麦									3 000.00	12 000.00
	紫花苜蓿								1 700.00	12 300.00	29 400.00
锡林郭勒盟	合计	24 000.00	24 000.00	272 362.00		180 000.00	1 545 000.00	119 220.56	39 045.00	1 090.00	6 970.00
	青饲、青贮玉米			1 250.00				51 637.00	17 000.00		2 330.00
	青莜麦										367.00
	羊草			189 960.00		180 000.00	1 545 000.00	33 318.56	9 955.00		
	燕麦							16 320.00	7 000.00		333.00
	紫花苜蓿			60.00				1 625.00	1 090.00	1 090.00	3 940.00
	其他一年生牧草								4 000.00		
	其他多年生牧草	24 000.00	24 000.00	81 092.00				16 320.00			
兴安盟	合计	8 800.00	24 300.00	25.00				10 500.00			
	羊草		3 300.00								
	紫花苜蓿	8 800.00	21 000.00	25.00				10 500.00			

表 6-6 2009—2018 年各经济类型地区商品草分种类种植面积

单位：万亩

经济类型地区	牧草种类	2009 年	2010 年	2011 年	2012 年	2013 年	2014 年	2015 年	2016 年	2017 年	2018 年
	全区	117.66	317.40	786.15	41.19	1 348.30	2 419.40	1 108.43	882.13	220.34	239.18
牧区	合计	87.00	287.00	699.47	12.81	1 270.65	2 358.52	1 007.62	702.91	96.87	111.34
	草谷子		0.50	0.80				0.05	0.05	2.00	6.50
	披碱草	2.00	0.50	0.30	0.30	0.30	0.35	0.35			
	青饲、青贮玉米			0.05				16.55	4.60	1.17	4.84
	青莜麦										0.20
	燕麦			1.60	1.91	1.70	15.50	8.10	28.28	29.00	43.95
	羊草			316.60		1 225.70	2 289.05	893.59	600.00		
	紫花苜蓿		1.00	22.12	10.60	42.95	53.62	54.99	65.98	60.60	55.85
	其他一年生牧草								4.00	4.10	
	其他多年生牧草	85.00	285.00	358.00				34.00			
半牧区	合计	16.00	20.40	79.18	20.88	56.65	57.79	70.19	65.16	70.41	55.13
	青饲、青贮玉米								0.67	5.00	5.00
	燕麦								1.20	1.50	1.83
	羊草		6.00								
	紫花苜蓿	16.00	14.40	79.18	20.88	56.65	57.79	70.19	63.29	63.91	48.30
其他	合计	14.66	10.00	7.50	7.50	21.00	3.09	30.61	114.06	53.06	72.71

（续）

经济类型地区	牧草种类	2009 年	2010 年	2011 年	2012 年	2013 年	2014 年	2015 年	2016 年	2017 年	2018 年
其他	冰草									2.50	
	墨西哥类玉米										44.30
	青饲、青贮高粱									0.20	1.05
	青饲、青贮玉米							3.50			5.00
	燕麦								0.70	1.00	1.43
	籽粒苋										0.52
	紫花苜蓿	7.66	3.00	7.50	7.50	21.00	3.01	27.11	31.36	29.96	20.41
	其他一年生牧草						0.08		82.00	19.40	
	其他多年生牧草	7.00	7.00								

表 6-7　2009—2018 年各经济类型地区商品草分种类生产量

单位：吨

经济类型地区	牧草种类	2009 年	2010 年	2011 年	2012 年	2013 年	2014 年	2015 年	2016 年	2017 年	2018 年
	全区	103 150.00	163 708.00	889 423.60	346 790.00	1 157 575.00	1 790 800.00	1 424 367.80	1 887 212.95	1 157 408.95	1 582 782.10
牧区	合计	39 000.00	101 500.00	530 074.60	54 871.00	896 225.00	1 544 245.00	1 034 576.60	1 102 596.00	636 148.00	730 226.40
	草谷子		1 000.00	680.00				200.00	500.00	10 000.00	37 500.00
	披碱草	5 000.00	900.00	255.00	270.00	300.00	350.00	350.00			
	青饲、青贮玉米			1 500.00				149 440.00	77 610.00	32 760.00	99 510.00
	青莜麦										674.40
	燕麦			1 360.00	2 101.00	2 210.00	73 580.00	34 590.00	207 586.00	220 900.00	198 833.00
	羊草			189 960.00		658 040.00	1 202 115.00	602 152.00	280 500.00		
	紫花苜蓿		5 600.00	148 899.60	52 500.00	235 675.00	268 200.00	231 524.60	376 400.00	356 088.00	393 709.00
	其他一年生牧草								160 000.00	16 400.00	
	其他多年生牧草	34 000.00	94 000.00	187 420.00				16 320.00			
半牧区	合计	8 800.00	28 218.00	315 849.00	248 419.00	200 750.00	224 455.00	236 780.00	225 790.00	325 070.00	164 334.00
	青饲、青贮玉米								10 050.00	100 000.00	50 000.00
	燕麦								5 950.00	9 350.00	9 230.00
	羊草		3 300.00								
	紫花苜蓿	8 800.00	24 918.00	315 849.00	248 419.00	200 750.00	224 455.00	236 780.00	209 790.00	215 720.00	105 104.00
其他	合计	55 350.00	33 990.00	43 500.00	43 500.00	60 600.00	22 100.00	153 011.20	558 826.95	196 190.95	688 221.70

（续）

经济类型地区	牧草种类	2009 年	2010 年	2011 年	2012 年	2013 年	2014 年	2015 年	2016 年	2017 年	2018 年
其他	冰草									500.00	
	墨西哥类玉米										503 790.00
	青饲、青贮高粱									6 000.00	24 465.00
	青饲、青贮玉米							52 500.00			44 150.00
	燕麦								4 200.00	6 000.00	8 203.00
	籽粒苋										9 360.00
	紫花苜蓿	51 360.00	30 000.00	43 500.00	43 500.00	60 600.00	20 100.00	100 511.20	144 626.95	119 670.95	98 253.70
	其他一年生牧草						2 000.00		410 000.00	64 020.00	
	其他多年生牧草	3 990.00	3 990.00								

表 6-8　2009—2018 年各经济类型地区商品草分种类销售量

单位：吨

经济类型地区	牧草种类	2009 年	2010 年	2011 年	2012 年	2013 年	2014 年	2015 年	2016 年	2017 年	2018 年
全区		81 030.00	90 582.00	645 250.60	216 115.00	543 896.50	2 103 360.00	619 365.56	791 015.00	805 720.00	798 693.25
牧区	合计	20 460.00	25 900.00	419 161.60	52 051.00	414 395.00	1 956 880.00	403 700.56	573 785.00	571 020.00	335 818.00
	草谷子		50.00	680.00				200.00	500.00	500.00	1 536.00
	披碱草	460.00	250.00	200.00	251.00	255.00	260.00	260.00			
	青莜麦										607.00
	青饲、青贮玉米			1 250.00				110 287.00	59 940.00	32 760.00	99 290.00
	燕麦			600.00	1 800.00	1 800.00	72 940.00	24 420.00	181 050.00	212 900.00	192 333.00
	羊草			189 960.00		207 540.00	1 623 600.00	111 918.56	9 955.00		
	紫花苜蓿		5 600.00	145 379.60	50 000.00	204 800.00	260 080.00	140 295.00	318 340.00	324 060.00	42 052.00
	其他一年生牧草								4 000.00	800.00	
	其他多年生牧草	20 000.00	20 000.00	81 092.00				16 320.00			
半牧区	合计	8 800.00	30 682.00	185 289.00	123 264.00	129 500.00	132 480.00	151 080.00	60 140.00	84 510.00	126 065.00
	青饲、青贮玉米								8 000.00		35 000.00
	燕麦								2 950.00	2 950.00	8 005.00
	羊草		3 300.00								
	紫花苜蓿	8 800.00	27 382.00	185 289.00	123 264.00	129 500.00	132 480.00	151 080.00	49 190.00	81 560.00	83 060.00
其他	合计	51 770.00	34 000.00	40 800.00	40 800.00	1.50	14 000.00	64 585.00	157 090.00	150 190.00	336 810.25

（续）

经济类型地区	牧草种类	2009 年	2010 年	2011 年	2012 年	2013 年	2014 年	2015 年	2016 年	2017 年	2018 年
其他	墨西哥类玉米										191 040.00
	青饲、青贮高粱									10 000.00	24 465.00
	青饲、青贮玉米										30 905.00
	燕麦									3 000.00	5 203.00
	籽粒苋										9 360.00
	紫花苜蓿	47 770.00	30 000.00	40 800.00	40 800.00	1.50	14 000.00	64 585.00	107 090.00	87 190.00	75 837.25
	其他一年生牧草								50 000.00	50 000.00	
	其他多年生牧草	4 000.00	4 000.00								

七、草产品企业生产情况

NEIMENGGU CAOYE TONGJI

(2009—2018)

表 7－1 2009 年各盟市草产品企业生产情况

单位：吨

盟市	企业名称	产品牧草种类	生产能力	实际生产量	草捆产量	草块产量	草颗粒产量	草粉产量	其他
包头市	包头市九原区邦达兴草业投资有限公司	紫花苜蓿	20 000.00	120.00	120.00				
	包头市九原区奶业公司	紫花苜蓿	2 000.00	810.00	750.00				60.00
赤峰市	赤峰格拉斯科技有限公司	紫花苜蓿	60 000.00	36 000.00			32 000.00		4 000.00
	哈拉道口稻草加工厂	紫花苜蓿	20 000.00	17 000.00		14 900.00			2 100.00
	阿旗岗台新丰草业公司	紫花苜蓿	35 000.00	33 100.00	26 000.00				7 100.00
	巴林右旗得利海草业有限责任公司	紫花苜蓿	100 000.00	73 000.00	61 000.00				12 000.00
	巴林右旗福泽农牧业有限公司	紫花苜蓿	100 000.00	50 000.00	40 000.00				10 000.00
	巴林右旗惠农草业公司	紫花苜蓿	30 000.00	10 000.00	8 000.00				2 000.00
	翁旗百合草业公司	紫花苜蓿	40 000.00	38 000.00			32 000.00		6 000.00
	宁城赤峰中牧饲料公司	紫花苜蓿	100 000.00	95 000.00			95 000.00		
	宁城草原万旗饲料公司	紫花苜蓿	120 000.00	90 000.00			86 000.00		4 000.00
	敖汉内蒙古黄羊洼草业有限公司	紫花苜蓿	500 000.00	104 000.00			104 000.00		
	敖汉旗苜蓿草业有限公司	紫花苜蓿	10 000.00	7 200.00			7 200.00		
鄂尔多斯市	鄂尔多斯市恒福养殖有限责任公司	紫花苜蓿	40 000.00	20 000.00	20 000.00				
	鄂旗赛乌素绿洲草业有限责任公司	紫花苜蓿	30 000.00	20 000.00			16 500.00		3 500.00
呼和浩特市	托县金河现代农业发展总公司	紫花苜蓿	60 000.00	1 400.00	1 400.00				
呼伦贝尔市	鄂温克旗大地草业公司	披碱草	10 000.00	703.00	703.00				
通辽市	科左中旗阿鲁法草业有限公司	紫花苜蓿	55 000.00	54 000.00	54 000.00				
乌兰察布市	科维尔草业公司	紫花苜蓿	10 000.00	6 000.00	3 000.00	3 000.00			
兴安盟	科右中旗蒙特木牧业开发公司	紫花苜蓿	40 000.00	6 000.00	6 000.00				

表 7-2 2010 年各盟市草产品企业生产情况

单位：吨

盟市	企业名称	产品牧草种类	生产能力	实际生产量	草捆产量	草块产量	草颗粒产量	草粉产量	其他
包头市	包头市九原区邦达兴草业投资有限公司	紫花苜蓿	20 000.00	120.00	120.00				
赤峰市	哈拉道口稻草加工厂	紫花苜蓿	20 000.00	14 900.00		14 900.00			
	赤峰格拉斯科技有限公司	紫花苜蓿	60 000.00	32 000.00			32 000.00		
	阿旗岗台新丰草业公司	紫花苜蓿	35 000.00	26 000.00	26 000.00				
	巴林右旗惠农草业公司	紫花苜蓿	30 000.00	8 000.00	8 000.00				
	巴林右旗福泽农牧业有限公司	紫花苜蓿	100 000.00	40 000.00	40 000.00				
	巴林右旗得利海草业有限责任公司	紫花苜蓿	100 000.00	61 000.00	61 000.00				
	翁旗百合草业公司	紫花苜蓿	40 000.00	32 000.00			32 000.00		
	宁城赤峰中牧饲料公司	紫花苜蓿	100 000.00	95 000.00			95 000.00		
	宁城草原万旗饲料公司	紫花苜蓿	120 000.00	86 000.00			86 000.00		
	敖汉内蒙古黄羊洼草业有限公司	紫花苜蓿	500 000.00	104 000.00			104 000.00		
	敖汉旗苜蓿草业有限公司	紫花苜蓿	10 000.00	7 200.00			7 200.00		
鄂尔多斯市	鄂尔多斯市恒福养殖有限责任公司	紫花苜蓿	40 000.00	20 000.00	20 000.00				
	鄂旗赛乌素绿洲草业有限责任公司	紫花苜蓿	30 000.00	16 500.00			16 500.00		
呼伦贝尔市	鄂温克旗大地草业经济技术开发有限公司	披碱草	500.00	320.00	320.00				
	鄂温克旗	草谷子	600.00	545.50	545.50				

（续）

盟市	企业名称	产品牧草种类	生产能力	实际生产量	草捆产量	草块产量	草颗粒产量	草粉产量	其他
通辽市	科左中旗阿鲁法草业有限公司	紫花苜蓿	55 000.00	54 000.00	54 000.00				
	科左中旗永福牧业有限公司	青饲、青贮玉米	20 000.00	11 000.00	5 000.00	1 500.00	3 000.00	1 500.00	
	科左中旗阿鲁法草业有限公司	紫花苜蓿	1 500.00	600.00	400.00			200.00	
	三利农场	紫花苜蓿	1 600.00	1 440.00	1 440.00				
	林辉草业	紫花苜蓿	3 000.00	2 000.00	2 000.00				
	正昌草业	紫花苜蓿	2 000.00	1 000.00	1 000.00				
	霍林郭勒市正昌草业公司	紫花苜蓿	30 000.00	1 000.00	1 000.00				
乌兰察布市	内蒙古科维尔绿色草业有限责任公司	紫花苜蓿	100 000.00	32 800.00	21 000.00	9 000.00	1 400.00	1 400.00	
	乌兰察布丰镇市科维尔草业公司	紫花苜蓿	10 000.00	6 000.00	3 000.00	3 000.00			
	科维尔草业公司	紫花苜蓿	10 000.00	3 000.00	3 000.00				
兴安盟	科右中旗蒙特木牧业开发公司	紫花苜蓿	40 000.00	6 000.00	6 000.00				
	突泉县绿洲草业技术服务中心	紫花苜蓿	30 000.00	24 300.00	24 300.00				

表 7-3 2011 年各盟市草产品企业生产情况

单位：吨

盟市	企业名称	产品牧草种类	生产能力	实际生产量	草捆产量	草块产量	草颗粒产量	草粉产量	其他
赤峰市	阿鲁科尔沁旗巴雅尔草业有限公司	紫花苜蓿	7 000.00	7 000.00	7 000.00				
	阿鲁科尔沁旗达晨农业有限公司	紫花苜蓿	25 400.00	25 400.00	25 400.00				
	阿鲁科尔沁旗天一草业有限责任公司	紫花苜蓿	7 400.00	7 400.00	7 400.00				
	绿生源生态科技有限公司	紫花苜蓿	8 100.00	8 100.00	8 100.00				
	阿鲁科尔沁旗东星农庄有限公司	紫花苜蓿	13 000.00	13 000.00	13 000.00				
	阿鲁科尔沁旗惠农草业有限公司	紫花苜蓿	36 000.00	36 000.00	36 000.00				
	赤峰市牧源草业饲料有限公司	紫花苜蓿	4 000.00	4 000.00			2 000.00	2 000.00	
	民悦君丰农牧科技发展有限公司	紫花苜蓿	3 200.00	3 200.00	3 200.00				
	赤峰市克什克腾旗蒙原草业有限公司	紫花苜蓿	4 100.00	4 100.00	4 100.00				
	克什克腾旗罕达罕种贮草养殖合作社	紫花苜蓿	2 400.00	2 400.00	2 400.00				
	克旗合兴农畜土特产品开发有限公司	紫花苜蓿	1 400.00	1 400.00	1 400.00				
	克什克腾旗祥达草业有限公司	紫花苜蓿	576.00	576.00	576.00				
	内蒙古黄羊洼草业有限公司	敖汉苜蓿	35 000.00	35 000.00	15 096.00	1 535.00	7 160.00	10 605.00	604.00
鄂尔多斯市	达拉特旗邦成农业开发有限责任公司	紫花苜蓿	800.00	800.00	800.00				
	内蒙古东达生物科技有限公司	紫花苜蓿、玉米秸秆	2 850.00	2 850.00	1 200.00		1 200.00	450.00	

（续）

盟市	企业名称	产品牧草种类	生产能力	实际生产量	草捆产量	草块产量	草颗粒产量	草粉产量	其他
鄂尔多斯市	达拉特旗裕祥农牧业有限公司	紫花苜蓿、玉米秸秆	2 000.00	2 000.00	2 000.00				
	华丽斯养殖有限公司	紫花苜蓿	120.00	120.00		50.00	70.00		
	绿洲草业有限公司	紫花苜蓿	200.00	200.00		100.00	100.00		
呼和浩特市	绿帝草业有限公司	紫花苜蓿	3 000.00	3 000.00	3 000.00				
	万科绿野草业有限公司	紫花苜蓿	3 000.00	3 000.00	3 000.00				
	天河牧业有限公司	紫花苜蓿	1 700.00	1 700.00	1 700.00				
呼伦贝尔市	鄂温克旗大地草业经济技术开发有限公司	草谷子	680.00	680.00	680.00				
	鄂温克旗	披碱草	255.00	255.00	255.00				
	呼伦贝尔市鄂温克旗大地草业经济技术开发有限公司	燕麦	1 360.00	1 360.00	1 360.00				
通辽市	科左中旗阿鲁法草业有限公司	紫花苜蓿	200.00	200.00	200.00				
	科左中旗永福牧业有限公司	青饲、青贮玉米	11 000.00	11 000.00	5 000.00	1 500.00	3 000.00	1 500.00	
	科左中旗阿鲁法草业有限公司	紫花苜蓿	54 600.00	54 600.00	54 400.00			200.00	
	科左中旗友邦牧草专业合作社	紫花苜蓿	750.00	750.00	750.00				
	三利农场	紫花苜蓿	2 940.00	2 940.00	2 940.00				
	奈曼旗金鑫草业有限公司科左后旗分公司	紫花苜蓿	900.00	900.00	900.00				
	林辉草业	紫花苜蓿	2 000.00	2 000.00	2 000.00				
	正昌草业	紫花苜蓿	3 000.00	3 000.00	3 000.00				

（续）

盟市	企业名称	产品牧草种类	生产能力	实际生产量	草捆产量	草块产量	草颗粒产量	草粉产量	其他
通辽市	捷怡草业有限公司	紫花苜蓿	30.00	30.00	30.00				
	泽丰草业有限公司	紫花苜蓿	40.00	40.00	40.00				
	霍林郭勒市正昌草业公司	紫花苜蓿	1 500.00	1 500.00	1 500.00				
乌兰察布市	科维尔绿色草业公司	紫花苜蓿	32 800.00	32 800.00	21 000.00	9 000.00	1 400.00	1 400.00	
锡林郭勒盟	东乌旗绿源草颗粒加工厂	草颗粒	2.00	2.00			2.00		
	正蓝旗牧草种子繁殖场	紫花苜蓿	60.00	60.00	60.00				
	锡盟正蓝旗牧草种子繁殖场	青饲、青贮玉米	1 500.00	1 500.00					1 500.00
兴安盟	突泉县绿洲草业技术服务中心	紫花苜蓿	40.00	40.00	40.00				

表 7-4　2012 年各盟市草产品企业生产情况

单位：吨

盟市	企业名称	产品牧草种类	生产能力	实际生产量	草捆产量	草块产量	草颗粒产量	草粉产量	其他
鄂尔多斯市	达拉特旗邦成农业开发有限责任公司	紫花苜蓿	2 000.00	1 000.00	1 000.00				
	内蒙古东达生物科技有限公司	紫花苜蓿	4 000.00	3 400.00	1 800.00		1 200.00	400.00	
	达拉特旗裕祥农牧业有限责任公司	紫花苜蓿	8 000.00	7 000.00					7 000.00
	维丽斯养殖有限公司	紫花苜蓿	150.00	120.00		50.00	70.00		
	绿洲草业有限责任公司	紫花苜蓿	300.00	200.00		100.00	100.00		
呼伦贝尔市	鄂温克旗大地草业经济技术开发有限公司	披碱草	300.00	300.00	300.00				
	鄂温克旗大地草业经济技术开发有限公司	燕麦	2 200.00	2 050.00	2 050.00				
通辽市	泽丰草业有限公司	紫花苜蓿	75.00	40.00	40.00				
	奈曼旗金鑫草业有限公司科左后旗分公司	紫花苜蓿	2 000.00	900.00	900.00				
	科左中旗阿鲁法草业有限公司	紫花苜蓿	55 000.00	54 000.00	54 000.00				
	霍林郭勒市正昌草业公司	紫花苜蓿	30 000.00	1 000.00	1 000.00				
	三利农场	紫花苜蓿	1 600.00	1 440.00	1 440.00				
	科左中旗永福牧业有限公司	青饲、青贮玉米	20 000.00	11 000.00	5 000.00	1 500.00	3 000.00	1 500.00	
	霍林郭勒市正昌草业公司	紫花苜蓿	30 000.00	1 000.00	1 000.00				
	林辉草业	紫花苜蓿	3 000.00	500.00	500.00				
	正昌草业	紫花苜蓿	5 000.00	3 000.00	3 000.00				
	三利农场	紫花苜蓿	1 700.00	1 500.00	1 500.00				
	科左中旗友邦牧草专业合作社	紫花苜蓿	7 500.00	750.00	750.00				
	捷怡草业有限公司	紫花苜蓿	50.00	30.00	30.00				

（续）

盟市	企业名称	产品牧草种类	生产能力	实际生产量	草捆产量	草块产量	草颗粒产量	草粉产量	其他
乌兰察布市	内蒙古科维尔绿色草业有限责任公司	紫花苜蓿	100 000.00	32 800.00	21 000.00	9 000.00	1 400.00	1 400.00	
	海高牧场	紫花苜蓿	4 000.00	4 000.00	3 900.00				100.00
	碧兴元	紫花苜蓿	5 200.00	5 200.00	5 100.00				100.00
	蒙荣牧场有限公司	紫花苜蓿	6 800.00	6 800.00	6 700.00				100.00
	内蒙古自治区兴和县金地乳草业农民专业合作社	紫花苜蓿	12 000.00	9 000.00	4 000.00				5 000.00

表 7-5 2013 年各盟市草产品企业生产情况

单位：吨

盟市	企业名称	产品牧草种类	生产能力	实际生产量	草捆产量	草块产量	草颗粒产量	草粉产量	其他
赤峰市	天美公司	紫花苜蓿	6 629.00	6 629.00	6 629.00				
	天一草业有限公司	紫花苜蓿	4 227.00	4 227.00	4 227.00				
	巴彦宝力高合作社	紫花苜蓿	1 841.00	1 841.00	1 841.00				
	宝音牧草基地	紫花苜蓿	2 720.00	2 720.00	2 720.00				
	东诺尔合作社	紫花苜蓿	17 850.00	17 850.00	17 850.00				
	蒙草抗旱公司	紫花苜蓿	2 216.00	2 216.00	2 216.00				
	达晨农业有限公司	紫花苜蓿	11 046.00	11 046.00	11 046.00				
	惠农公司	紫花苜蓿	14 927.00	14 927.00	14 927.00				
	达布希绿业有限公司	紫花苜蓿	14 614.00	14 614.00	14 614.00				
	东星公司	紫花苜蓿	11 256.00	11 256.00	11 256.00				
	赤峰牧人草业有限公司	紫花苜蓿	3 817.00	3 817.00	3 817.00				
	首农辛普劳绿田园公司	紫花苜蓿	18 275.00	18 275.00	18 275.00				
	巴雅尔草业有限公司	紫花苜蓿	12 599.00	12 599.00	12 599.00				
	绿生源生态科技有限责任公司	紫花苜蓿	5 355.00	5 355.00	5 355.00				
	地森农业有限责任公司	紫花苜蓿	6 493.00	6 493.00	6 493.00				
	得利海草业有限责任公司	紫花苜蓿	745.00	745.00	245.00			500.00	
	赤峰牧源草业	紫花苜蓿	5 000.00	5 000.00	2 000.00		3 000.00		

（续）

盟市	企业名称	产品牧草种类	生产能力	实际生产量	草捆产量	草块产量	草颗粒产量	草粉产量	其他
赤峰市	民悦君丰农牧科技发展有限公司	紫花苜蓿	3 200.00	3 200.00	3 200.00				
	内蒙古黄羊洼草业有限公司	紫花苜蓿	17 000.00	17 000.00	10 000.00		5 000.00	1 000.00	1 000.00
鄂尔多斯市	达拉特旗邦成农业开发有限责任公司	紫花苜蓿	800.00	800.00	800.00				
	内蒙古东达生物科技有限公司	紫花苜蓿	3 800.00	3 800.00	2 000.00		1 400.00	400.00	
	达拉特旗裕祥农牧业有限责任公司	紫花苜蓿	8 000.00	8 000.00	8 000.00				
	维丽斯养殖有限公司	紫花苜蓿	120.00	120.00		50.00	70.00		
	绿洲草业有限责任公司	紫花苜蓿	200.00	200.00		100.00	100.00		
呼伦贝尔市	鄂温克大地草业经济技术开发有限公司	燕麦	2 210.00	2 210.00	2 210.00				
	鄂温克旗	披碱草	300.00	300.00	300.00				
通辽市	科左中旗阿鲁法草业有限公司	紫花苜蓿	54 600.00	54 600.00	54 400.00			200.00	
	科左中旗友邦牧草专业合作社	紫花苜蓿	750.00	750.00	750.00				
	奈曼旗金鑫草业有限公司科左后旗分公司	紫花苜蓿	900.00	900.00	900.00				
	三利农场	紫花苜蓿	2 940.00	2 940.00	2 940.00				
	林辉草业	紫花苜蓿	2 000.00	2 000.00	2 000.00				
	长博牧业	紫花苜蓿	2 000.00	1 500.00	1 500.00				
	泽丰草业有限公司	紫花苜蓿	40.00	40.00	40.00				
	捷怡草业有限公司	紫花苜蓿	30.00	30.00	30.00				
	霍林郭勒市正昌草业公司	紫花苜蓿	1 300.00	1 300.00	1 300.00				
乌兰察布市	内蒙古自治区兴和县金地乳草业	中苜一号、敖汉苜蓿、青玉米	9 000.00	9 000.00	4 000.00				5 000.00

（续）

盟市	企业名称	产品牧草种类	生产能力	实际生产量	草捆产量	草块产量	草颗粒产量	草粉产量	其他
	海高牧场	中苜一号	4 000.00	3 900.00	3 900.00				
	碧兴元	中苜一号	5 200.00	5 100.00	5 100.00				
	蒙荣牧场有限公司	中苜一号	6 800.00	6 700.00	6 700.00				
乌兰察布市	察右后旗蒙原食品有限责任公司	精料补充料	1 300.00	1 300.00				1 300.00	
	察右后旗富民饲料厂	精料补充料	120.00	120.00				120.00	
	察右后旗牧旺饲料加工有限责任公司	精料补充料	600.00	600.00				600.00	
	内蒙古科维尔绿色草业有限责任公司	紫花苜蓿	11 360.00	11 360.00	360.00	1 000.00			10 000.00
兴安盟	突泉县绿洲草业技术服务中心	紫花苜蓿	1 200.00	1 200.00	1 200.00				

表 7-6　2014 年各盟市草产品企业生产情况

单位：吨

盟市	企业名称	产品牧草种类	生产能力	实际生产量	草捆产量	草块产量	草颗粒产量	草粉产量	其他
巴彦淖尔市	巴彦淖尔市精亨饲料有限责任公司	紫花苜蓿	2 500.00	1 200.00			400.00	800.00	
	天义草颗粒饲料厂	紫花苜蓿＋玉米	5.00	1.20	1.00		0.20		
	巴彦淖尔市圣牧高科生态草业有限公司	青饲、青贮玉米	200 000.00	40 000.00	40 000.00				
	乌中旗中牧草业有限责任公司	紫花苜蓿	500.00	100.00	30.00			70.00	
	乌中旗牧盛草业有限责任公司	紫花苜蓿	1 000.00	500.00	500.00				
	太平乳业	紫花苜蓿	1 500.00	1 200.00	1 200.00				
	太阳庙农场农林开发公司	紫花苜蓿	1 000.00	800.00	800.00				
	蒙源牧业	紫花苜蓿	1 000.00	800.00	800.00				
	三道桥热水草产品发展公司	青饲、青贮高粱	2 500.00	2 500.00	2 500.00				
	耕源种养专业合作社	其他一年生牧草	1 000.00	1 000.00	1 000.00				
赤峰市	格拉斯草业	紫花苜蓿	20 000.00	8 000.00			8 000.00		
	巴雅尔草业有限公司	紫花苜蓿	20 771.00	11 100.00	11 100.00				
	绿生源生态科技有限责任公司	紫花苜蓿	6 300.00	3 500.00	1 500.00				2 000.00
	地森农业有限责任公司	紫花苜蓿	7 639.00	5 200.00	5 200.00				
	田园牧歌草业公司	紫花苜蓿	71 000.00	28 440.00	16 840.00				11 600.00
	联牛牧草种植有限公司	紫花苜蓿	10 000.00	8 665.00	2 100.00				6 565.00
	天美公司	紫花苜蓿	7 799.00	4 440.00	2 608.00				1 832.00

（续）

盟市	企业名称	产品牧草种类	生产能力	实际生产量	草捆产量	草块产量	草颗粒产量	草粉产量	其他
赤峰市	天一草业有限公司	紫花苜蓿	4 973.00	3 980.00	3 980.00				
	巴彦宝力高合作社	紫花苜蓿	4 237.00	1 475.00	675.00				800.00
	东诺尔合作社	紫花苜蓿	21 000.00	10 910.00	1 000.00				9 910.00
	蒙草抗旱公司	紫花苜蓿	10 000.00	5 400.00	5 400.00				
	达晨农业有限公司	紫花苜蓿	32 647.00	19 300.00	7 600.00				11 700.00
	惠农公司	紫花苜蓿	17 561.00	6 500.00	3 000.00				3 500.00
	达布希绿业有限公司	紫花苜蓿	17 193.00	6 000.00	5 000.00				1 000.00
	东星公司	紫花苜蓿	13 242.00	7 880.00	7 100.00				780.00
	赤峰牧人草业有限公司	紫花苜蓿	4 490.00	2 245.00	2 245.00				
	首农辛普劳绿田园公司	紫花苜蓿	21 500.00	18 000.00	9 000.00				9 000.00
	得利海草业有限责任公司	紫花苜蓿	1 700.00	965.00	125.00			90.00	750.00
	赤峰牧源草业	紫花苜蓿	5 000.00	5 000.00	2 000.00		3 000.00		
	民悦君丰农牧科技发展有限公司	紫花苜蓿	6 000.00	4 800.00	4 800.00				
	赤峰市克什克腾旗蒙原草业有限公司	紫花苜蓿	15 000.00	4 100.00	2 500.00				1 600.00
	克什克腾旗罕达罕种贮草养殖合作社	紫花苜蓿	3 000.00	2 400.00	2 400.00				
	克旗合兴农畜土特产品开发有限公司	紫花苜蓿	9 000.00	1 400.00	1 400.00				
	克什克腾旗祥达草业有限公司	紫花苜蓿	3 400.00	610.00	320.00				290.00
	内蒙古黄羊洼草业有限公司	紫花苜蓿	100 000.00	71 000.00	10 000.00		50 000.00		11 000.00
鄂尔多斯市	达拉特旗邦成农业开发有限责任公司	紫花苜蓿	2 000.00	800.00	800.00				
	内蒙古东达生物科技有限公司	紫花苜蓿	50 000.00	38 000.00	8 000.00		30 000.00		

（续）

盟市	企业名称	产品牧草种类	生产能力	实际生产量	草捆产量	草块产量	草颗粒产量	草粉产量	其他
鄂尔多斯市	达拉特旗裕祥农牧业有限责任公司	紫花苜蓿	10 000.00	8 000.00	8 000.00				
	维丽斯养殖有限公司	紫花苜蓿	150.00	120.00		50.00	70.00		
	绿洲草业有限责任公司	紫花苜蓿	300.00	200.00		100.00	100.00		
呼伦贝尔市	鄂温克大地草业经济技术开发有限公司	燕麦	2 400.00	2 200.00	2 200.00				
	鄂温克旗	披碱草	350.00	350.00	350.00				
	诺敏公司	羊草	2 500.00	2 500.00	2 500.00				
通辽市	科左中旗阿鲁法草业有限公司	紫花苜蓿	55 000.00	54 000.00	54 000.00				
	科左中旗友邦牧草专业合作社	紫花苜蓿	7 500.00	750.00	750.00				
	奈曼旗金鑫草业有限公司科左后旗分公司	紫花苜蓿	2 000.00	900.00	900.00				
	三利农场	紫花苜蓿	1 700.00	1 500.00	1 500.00				
	林辉草业	紫花苜蓿	3 000.00	2 000.00	2 000.00				
	长博牧业	紫花苜蓿	2 000.00	1 500.00	1 500.00				
	泽丰草业有限公司	紫花苜蓿	75.00	40.00	40.00				
	捷怡草业有限公司	紫花苜蓿	50.00	30.00	30.00				
	霍林郭勒市正昌草业公司	紫花苜蓿	30 000.00	1 000.00	1 000.00				
乌兰察布市	内蒙古自治区兴和县金地乳草业	中苜一号、敖汉苜蓿、青玉米	12 000.00	9 000.00	4 000.00				5 000.00
	海高牧场	中苜一号	4 000.00	3 900.00	3 900.00				

（续）

盟市	企业名称	产品牧草种类	生产能力	实际生产量	草捆产量	草块产量	草颗粒产量	草粉产量	其他
乌兰察布市	碧兴元	中苜一号	10 000.00	5 100.00	5 100.00				
	蒙荣牧场有限公司	中苜一号	10 000.00	6 700.00	6 700.00				
	忠澜农牧业发展有限公司	中苜一号	4 000.00	1 776.00	1 776.00				
	内蒙古谷天雨润草业发展有限公司	中苜一号	4 000.00	2 616.00	2 616.00				
	察右后旗蒙原食品有限责任公司	育肥羊前期精料补充料	14 400.00	4 800.00	3 500.00			1 300.00	
	察右后旗富民饲料厂	泌乳期母羊料、羔羊精料补充料	1 800.00	120.00				120.00	
	内蒙古科维尔绿色草业有限责任公司	紫花苜蓿	2 000.00	1 361.00	360.00	1 000.00			1.00
兴安盟	突泉县绿洲草业技术服务中心	紫花苜蓿	8 100.00	1 200.00	1 200.00				

表 7-7　2015 年各盟市草产品企业生产情况

单位：吨

盟市	企业名称	产品牧草种类	生产能力	实际生产量	草捆产量	草块产量	草颗粒产量	草粉产量	其他
阿拉善盟	阿拉善盟圣牧高科生态草业有限公司	紫花苜蓿	3 000.00	2 200.00	2 200.00				
	内蒙古金沙苑生态集团有限公司	苜蓿、糜子	1 400.00	875.00	875.00				
巴彦淖尔市	巴彦淖尔市精亨饲料有限责任公司	紫花苜蓿	2 500.00	1 800.00			1 300.00	500.00	
	天义草颗粒饲料厂	草颗粒	12 000.00	2 400.00			2 400.00		
	圣牧高科	紫花苜蓿，青饲、青贮玉米	100 000.00	91 200.00	1 200.00				90 000.00
	乌中旗中牧草业有限责任公司	紫花苜蓿	1 000.00	100.00	30.00			70.00	
	乌中旗牧盛草业有限责任公司	紫花苜蓿	1 000.00	800.00	800.00				
包头市	达茂旗金犁合作社	苜蓿，草谷子，青饲、青贮玉米	900.00	900.00	900.00				
	乌克镇柠条加工厂	柠条	3 000.00	3 000.00				3 000.00	
	石宝镇柠条加工厂	柠条	4 000.00	4 000.00				4 000.00	
赤峰市	格拉斯草业公司	紫花苜蓿	20 000.00	5 000.00			5 000.00		
	海涌草业	紫花苜蓿	100 000.00	49 775.00		1 000.00	40 000.00		8 775.00
	超越饲料	紫花苜蓿	35 000.00	33 800.00		13 800.00	10 000.00	10 000.00	
	得利海草业有限责任公司	紫花苜蓿	800.00	745.00	245.00			500.00	
	得利海草业有限责任公司 1	青饲、青贮玉米	1 000.00	800.00					800.00
	赤峰牧源草业	紫花苜蓿	5 000.00	5 000.00	2 000.00		3 000.00		
	民悦君丰农牧科技发展有限公司	紫花苜蓿	6 500.00	5 200.00	5 200.00				
	赤峰市克什克腾旗蒙原草业有限公司	紫花苜蓿	6 000.00	4 100.00	4 100.00				

（续）

盟市	企业名称	产品牧草种类	生产能力	实际生产量	草捆产量	草块产量	草颗粒产量	草粉产量	其他
赤峰市	克什克腾旗罕达罕种贮草养殖合作社	紫花苜蓿	3 000.00	2 400.00	2 400.00				
	克旗合兴农畜土特产品开发有限公司	紫花苜蓿	2 000.00	1 400.00	1 400.00				
	克什克腾旗祥达草业有限公司	紫花苜蓿	1 000.00	610.00	610.00				
	赤峰中牧草业	紫花苜蓿	5.00	1.50			1.50		
	内蒙古黄羊洼草业有限公司	紫花苜蓿	100 000.00	50 000.00	30 000.00		20 000.00		
鄂尔多斯市	达拉特旗邦成农业开发有限责任公司	紫花苜蓿	2 000.00	900.00	900.00				
	内蒙古东达生物科技有限公司	紫花苜蓿	50 000.00	38 000.00	8 000.00		30 000.00		
	达拉特旗裕祥农牧业有限责任公司	紫花苜蓿	10 000.00	8 000.00	8 000.00				
	内蒙古正时草业有限公司	紫花苜蓿	10 000.00	3 000.00	3 000.00				
	维丽斯养殖有限公司	紫花苜蓿	150.00	120.00		50.00	70.00		
	绿洲草业有限责任公司	紫花苜蓿	300.00	200.00		100.00	100.00		
	内蒙古绿丰农牧业有限责任公司	紫花苜蓿	15 000.00	15 000.00	15 000.00				
	鄂尔多斯市盛世金农农牧业有限责任公司	紫花苜蓿	22 800.00	22 800.00	22 800.00				
呼和浩特市	呼和浩特市友邦草业有限公司	紫花苜蓿	6 600.00	6 600.00	3 200.00				3 400.00
	内蒙古香岛生态农业开发有限责任公司	紫花苜蓿	8 000.00	8 000.00	8 000.00				
	内蒙古金牛草业有限责任公司	紫花苜蓿	4 000.00	4 000.00	4 000.00				
	土默特左旗大青山移民种养殖农民专业合作社	紫花苜蓿	1 050.00	1 050.00	1 050.00				
	内蒙古巨禾农牧业有限责任公司	紫花苜蓿	2 300.00	2 300.00	2 300.00				
	呼和浩特市钧涵农业开发有限责任公司	紫花苜蓿	3 000.00	3 000.00	3 000.00				
	呼和浩特市宇辉草业有限公司	紫花苜蓿	1 400.00	1 400.00	1 400.00				
	内蒙古蒙草（呼和浩特）农业发展有限公司	紫花苜蓿	2 500.00	2 500.00	2 500.00				

（续）

盟市	企业名称	产品牧草种类	生产能力	实际生产量	草捆产量	草块产量	草颗粒产量	草粉产量	其他
呼和浩特市	内蒙古原生牧业有限公司	紫花苜蓿	5 600.00	5 600.00	3 800.00				1 800.00
	内蒙古蒙生农牧开发有限公司	紫花苜蓿	300.00	300.00	300.00				
	内蒙古谷元农牧业科技发展有限责任公司	紫花苜蓿	630.00	630.00	630.00				
	托克托县景盛农牧业发展有限公司	紫花苜蓿	100.00	100.00	100.00				
	托克托县乐丰农牧业有限公司	紫花苜蓿	110.00	110.00	110.00				
	内蒙古金翔农牧业有限公司	紫花苜蓿	200.00	200.00	200.00				
	内蒙古金河现代农业发展有限公司	紫花苜蓿	3 500.00	3 500.00	3 500.00				
	呼和浩特市宝丰农牧林开发有限公司	紫花苜蓿	1 000.00	1 000.00	1 000.00				
	托克托县华新农牧业有限公司	紫花苜蓿	180.00	180.00	180.00				
	托克托县乐峰农牧业有限公司	紫花苜蓿	150.00	150.00	150.00				
	内蒙古万科绿野草业有限责任公司	紫花苜蓿	100.00	30.00			30.00		
	呼和浩特市阳光禾沐农业开发有限公司	紫花苜蓿	1 600.00	1 600.00	1 600.00				
	内蒙古恩和牧场有限公司	紫花苜蓿	800.00	800.00	800.00				
	内蒙古捷怡农业科技公司	紫花苜蓿	800.00	800.00	800.00				
	呼和浩特市裕云现代农业有限公司	紫花苜蓿	1 600.00	1 600.00	1 600.00				
	内蒙古牧源农业开发有限公司	紫花苜蓿	800.00	800.00	800.00				
	内蒙古宝坤草业科技发展有限公司	紫花苜蓿	6 500.00	6 500.00	6 500.00				
	内蒙古阆达农业开发有限责任公司	紫花苜蓿	1 300.00	1 300.00	1 300.00				
	内蒙古禾华农牧林综合开发有限公司	紫花苜蓿	800.00	800.00	800.00				
	呼和浩特市丰众农业科技有限公司	紫花苜蓿	1 200.00	1 200.00	1 200.00				
	内蒙古牧源农业开发有限公司	紫花苜蓿	900.00	900.00	900.00				
	和林县蒙仓农业有限公司	紫花苜蓿	2 500.00	2 500.00	2 500.00				
	和林格尔县弘达农牧业有限公司	紫花苜蓿	800.00	800.00	800.00				

（续）

盟市	企业名称	产品牧草种类	生产能力	实际生产量	草捆产量	草块产量	草颗粒产量	草粉产量	其他
呼和浩特市	呼和浩特市精丰源农牧业综合开发有限公司	紫花苜蓿	800.00	800.00	800.00				
	呼和浩特市万森农林牧有限公司	紫花苜蓿	1 500.00	1 500.00	1 500.00				
	呼和浩特市冠杰通农业服务有限公司	紫花苜蓿	800.00	800.00	800.00				
呼伦贝尔市	鄂温克大地草业经济技术开发有限公司	燕麦、披碱草	2 400.00	2 200.00	2 200.00				
	诺敏公司	羊草	2 500.00	2 500.00	2 500.00				
通辽市	内蒙古科尔沁肉牛种业股份有限公司	多年生牧草	700.00	200.00	200.00				
	通辽市科尔沁农机种植专业合作社	多年生牧草	4 900.00	4 200.00	4 200.00				
	科左中旗瀚海绿园草业专业合作社	多年生牧草	2 880.00	2 000.00	2 000.00				
	科左中旗坤伦草业种植专业合作社	多年生牧草	800.00	800.00	800.00				
	科左中旗科翔种植专业合作社	多年生牧草	4 000.00	500.00	500.00				
	科左中旗科翔种植专业合作社	一年生牧草	1 600.00	1 200.00	1 200.00				
	科左中旗君源种植专业合作社	多年生牧草	800.00	200.00	200.00				
	通辽顺天丰草业有限公司	多年生牧草	4 800.00	400.00	400.00				
	科左中旗星圣养殖专业合作社	多年生牧草	7 200.00	4 800.00	4 800.00				
	科左中旗星圣养殖专业合作社	一年生牧草	4 800.00	4 800.00	4 800.00				
	科左中旗繁盛种植专业合作社	多年生牧草	9 600.00	800.00	800.00				
	科左后旗查金台牧场乌尼日西门塔尔种母牛繁育基地储草基地	玉米秸秆	50 000.00	25 000.00	25 000.00				
	内蒙古沃德生物质有限公司	玉米秸秆	30 000.00	15 000.00	7 000.00		8 000.00		
	科左后旗茫来养牛专业合作社	玉米秸秆	1 500.00	1 200.00	1 200.00				
	林辉草业	紫花苜蓿	3 000.00	2 000.00	2 000.00				
	正昌草业	紫花苜蓿	2 000.00	1 000.00	1 000.00				

（续）

盟市	企业名称	产品牧草种类	生产能力	实际生产量	草捆产量	草块产量	草颗粒产量	草粉产量	其他
通辽市	库伦旗龙腾牧草种植农民专业合作社	紫花苜蓿	2 000.00	1 200.00	1 200.00				
	库伦旗盛丰牧草种植专业合作社	紫花苜蓿	2 000.00	1 200.00	1 200.00				
	扎鲁特旗牧源农业种植专业合作社	紫花苜蓿	12 000.00	10 000.00		10 000.00			
	通辽市禾丰天奕草业有限公司	紫花苜蓿	10 000.00	9 000.00		9 000.00			
乌兰察布市	内蒙古自治区兴和县金地乳草业	中苜一号、敖汉苜蓿、青玉米	12 000.00	9 000.00	4 000.00				5 000.00
	海高牧场	中苜一号	4 000.00	3 900.00	3 900.00				
	碧兴元	中苜一号	5 100.00	5 100.00	5 100.00				
	蒙荣牧场有限公司	中苜一号	8 000.00	6 700.00	6 700.00				
	察右后旗蒙原食品有限责任公司	柠条颗粒、草粉	14 600.00	6 100.00	3 500.00		1 300.00	1 300.00	
	龙源饲草料公司	柠条	5 000.00	5 000.00	5 000.00				
	北国兴农牧业科技有限公司	紫花苜蓿	4 000.00	4 000.00			3 000.00	1 000.00	
	青青草原生态科技发展有限公司	紫花苜蓿	25 000.00	15 000.00	15 000.00				
锡林郭勒盟	内蒙古草都草牧业股份有限公司	青干草	80 000.00	72 000.00	72 000.00				
	内蒙古草都草牧业股份有限公司 2	燕麦草	5 000.00	5 000.00	5 000.00				
	内蒙古小黑头羊牧业有限责任公司	天然草	5 000.00	2 000.00	1 000.00	800.00	200.00		
	锡市亿产牧民草业专业合作社	天然草	8 000.00	7 000.00	2 000.00		5 000.00		
	锡市布仁牧民养殖专业合作社	天然草	3 000.00	840.00	800.00		40.00		
	多伦县绿地草业草种有限责任公司	紫花苜蓿	1 225.00	1 225.00	1 225.00				
	多伦县中科生态科技有限公司	紫花苜蓿	200.00	200.00	200.00				
	内蒙古德兰生态建设监理有限责任公司	紫花苜蓿	200.00	200.00	200.00				
	内蒙古超大畜牧有限责任公司	紫花苜蓿	500.00	500.00	500.00				

表 7-8 2016 年各盟市草产品企业生产情况

单位：吨

盟市	企业名称	产品牧草种类	生产能力	实际生产量	草捆产量	草块产量	草颗粒产量	草粉产量	其他
阿拉善盟	阿拉善盟圣牧高科生态草业有限公司	青饲、青贮玉米	155 000.00	102 500.00	2 500.00				100 000.00
巴彦淖尔市	天义草颗粒饲料厂	紫花苜蓿	12 000.00	7 000.00			7 000.00		
	圣牧高科	紫花苜蓿	3 360.00	3 360.00	1 680.00	1 680.00			
	内蒙古杭锦后旗太平乳业有限责任公司	紫花苜蓿	500.00	240.00	240.00				
	内蒙古星月生态农业股份有限公司	紫花苜蓿	580.00	580.00	580.00				
	杭锦后旗鑫美农牧专业合作社	紫花苜蓿	500.00	300.00	300.00				
包头市	土右旗秋林农民合作社	其他一年生牧草	10 000.00	1 200.00	1 000.00				200.00
	土右旗同祥农民合作社	其他一年生牧草	5 000.00	2 500.00	2 500.00				
	土右旗绿洲原生态种养殖合作社	其他一年生牧草	5 000.00	3 000.00	3 000.00				
	土右旗合丰农民合作社	其他一年生牧草	5 000.00	3 000.00		3 000.00			
	土右旗健飞农牧科级专业合作社	其他一年生牧草	5 000.00	2 500.00	2 500.00				
	土右旗雷鑫农机服务站	其他一年生牧草	3 000.00	1 000.00	1 000.00				
	包头市鸿益农牧有限公司	其他一年生牧草	6 000.00	2 000.00	2 000.00				
	包头市华阳润生农业生物科级有限公司	其他一年生牧草	10 000.00	5 000.00	5 000.00				
	丰硕草业有限责任公司	其他一年生牧草	5 000.00	2 400.00	2 400.00				
	嘉创养殖农民专业合作社	其他一年生牧草	1 500.00	500.00	500.00				

（续）

盟市	企业名称	产品牧草种类	生产能力	实际生产量	草捆产量	草块产量	草颗粒产量	草粉产量	其他
包头市	景旭希望农民专业合作社	其他一年生牧草	6 000.00	2 000.00	1 000.00			1 000.00	
	土右旗丰硕农民专业合作社	其他一年生牧草	3 000.00	1 000.00	1 000.00				
	土右旗海子乡天宝农民专业合作社	其他一年生牧草	4 000.00	1 000.00	1 000.00				
	乌克镇柠条加工厂	柠条	3 000.00	3 000.00				3 000.00	
	达茂旗金犁合作社	紫花苜蓿	900.00	900.00	900.00				
	石宝镇柠条加工厂	柠条	4 000.00	4 000.00				4 000.00	
赤峰市	格拉斯草业	紫花苜蓿	20 000.00	5 000.00			5 000.00		
	草都公司	燕麦	3 880.00	530.00	530.00				
	常鑫宏	紫花苜蓿	2 612.00	2 000.00	2 000.00				
	地森农业	燕麦	6 720.00	5 600.00	5 600.00				
	天哥草业	燕麦	5 880.00	3 700.00	3 700.00				
	天一草业	燕麦	1 980.00	900.00	900.00				
	长青公司	紫花苜蓿	2 160.00	1 300.00	1 300.00				
	巴雅尔草业	紫花苜蓿、燕麦	20 424.00	13 360.00	13 360.00				
	巴彦宝力高合作社	紫花苜蓿、燕麦	6 500.00	5 700.00	5 700.00				
	犇未来草业公司	紫花苜蓿、燕麦	5 795.00	5 791.00	5 791.00				
	陈凤	紫花苜蓿、燕麦	3 300.00	3 164.00	3 164.00				
	达布希绿业有限公司	紫花苜蓿、燕麦	10 680.00	6 500.00	6 500.00				
	地一公司	紫花苜蓿、燕麦	5 580.00	4 525.00	4 525.00				
	东星公司	紫花苜蓿、燕麦	19 026.00	10 542.00	10 542.00				

（续）

盟市	企业名称	产品牧草种类	生产能力	实际生产量	草捆产量	草块产量	草颗粒产量	草粉产量	其他
	华茂盛草业	紫花苜蓿、燕麦	6 600.00	3 600.00	3 600.00				
	惠农公司	紫花苜蓿、燕麦	17 884.00	8 500.00	8 500.00				
	联牛牧草种植公司	紫花苜蓿、燕麦	10 600.00	1 050.00	1 050.00				
	绿生源	紫花苜蓿、燕麦	6 560.00	6 060.00	6 060.00				
	蒙草抗旱	紫花苜蓿、燕麦	10 784.00	8 000.00	8 000.00				
	秋实草业	紫花苜蓿、燕麦	58 048.00	36 120.00	36 120.00				
	首农辛普劳绿田园	紫花苜蓿、燕麦	11 400.00	7 600.00	7 600.00				
	田园牧歌	紫花苜蓿、燕麦	62 400.00	33 200.00	33 200.00				
	伊禾绿锦草业	紫花苜蓿、燕麦	27 800.00	18 600.00	18 600.00				
赤峰市	超越饲料有限公司	紫花苜蓿	35 500.00	33 800.00		13 800.00	10 000.00	10 000.00	
	海涌草业	紫花苜蓿	109 775.00	49 775.00		1 000.00	40 000.00		8 775.00
	得利海草业	紫花苜蓿	700.00	245.00	245.00				
	赤峰市牧原草业有限公司	紫花苜蓿	6 000.00	6 000.00			6 000.00		
	蒙原草业有限公司	紫花苜蓿	15 000.00	4 100.00	2 500.00	1 600.00			
	民悦君丰农牧科技有限公司	紫花苜蓿	6 500.00	5 200.00	5 200.00				
	罕达罕种贮草养殖合作社	紫花苜蓿	3 000.00	2 400.00	2 400.00				
	合兴农畜土特产品开发有限公司	紫花苜蓿	9 000.00	1 400.00	1 400.00				
	祥达草业有限公司	紫花苜蓿	3 400.00	610.00	320.00	290.00			
	内蒙古沃龙海生态科技发展有限公司	紫花苜蓿	1 000.00	300.00	300.00				
	北京鼎赢基业投资公司	紫花苜蓿	8 200.00	3 000.00	3 000.00				

（续）

盟市	企业名称	产品牧草种类	生产能力	实际生产量	草捆产量	草块产量	草颗粒产量	草粉产量	其他
赤峰市	赤峰国丰农业	紫花苜蓿	4 000.00	1 000.00	1 000.00				
	赤峰圣泉生态农牧业公司	紫花苜蓿	7 000.00	2 000.00	2 000.00				
	赤峰中牧草业	紫花苜蓿	30 000.00	5 000.00			5 000.00		
	黄羊洼草业有限公司	紫花苜蓿	100 000.00	60 000.00	30 000.00		30 000.00		
鄂尔多斯市	内蒙古蒙联投资有限责任公司	紫花苜蓿	1 000.00	700.00	700.00				
	内蒙古正时草业有限公司	紫花苜蓿	12 000.00	10 500.00	10 500.00				
	内蒙古东达生物科技有限公司	紫花苜蓿	13 000.00	8 000.00					8 000.00
	巴彦淖尔市润福农业开发有限公司	其他一年生牧草	20 000.00	12 000.00	10 000.00		2 000.00		
	达拉特旗邦成农业开发有限责任公司	紫花苜蓿	2 000.00	900.00	900.00				
	达拉特旗宝丰生态有限责任公司	紫花苜蓿	5 000.00	3 000.00	3 000.00				
	达拉特旗裕祥农牧业有限公司	紫花苜蓿	100 000.00	9 000.00	9 000.00				
	鄂尔多斯市万通农牧业科技有限公司	紫花苜蓿	1 000.00	800.00	800.00				
	鄂托克旗赛乌素绿洲草业有限责任公司	紫花苜蓿	30 000.00	7 500.00			7 500.00		
	内蒙古绿丰农牧业有限责任公司	紫花苜蓿、燕麦	20 000.00	12 000.00	12 000.00				
	鄂尔多斯市盛世金农农牧业开发有限责任公司	紫花苜蓿、燕麦	50 000.00	24 000.00	24 000.00				
	鄂托克旗赛乌素绿洲草业有限公司	青饲、青贮玉米	30 000.00	3 000.00			3 000.00		
	杭锦旗宏倡农牧林开发有限责任公司	紫花苜蓿	2 100.00	2 100.00	2 100.00				
	杭锦旗牧人草业种植有限责任公司	紫花苜蓿	2 800.00	2 800.00	2 800.00				
	鄂尔多斯市汉森高科技农业开发有限公司	紫花苜蓿	350.00	350.00	350.00				
呼和浩特市	内蒙古大行农牧有限公司	其他一年生牧草	7 000.00	2 500.00		200.00	800.00		1 500.00

（续）

盟市	企业名称	产品牧草种类	生产能力	实际生产量	草捆产量	草块产量	草颗粒产量	草粉产量	其他
呼伦贝尔市	鄂温克旗阳波畜牧业发展服务有限公司	紫花苜蓿	3 600.00	3 500.00	3 500.00				
	呼伦贝尔绿和草业有限公司	紫花苜蓿	8 000.00	2 000.00	2 000.00				
	呼伦贝尔禾牧阳光生态农业有限公司	紫花苜蓿	13 000.00	13 000.00	13 000.00				
	哈拉苏双龙合作社	青饲、青贮玉米	8 000.00	4 000.00	4 000.00				
	浩饶山景泽农牧业生产农民专业合作社	紫花苜蓿	2 000.00	2 000.00	2 000.00				
	蘑菇气镇利农蓄草农民专业合作社	青饲、青贮玉米	6 050.00	6 050.00	6 050.00				
通辽市	内蒙古科尔沁肉牛种业股份有限公司	紫花苜蓿	700.00	200.00	200.00				
	科左中旗星圣养殖专业合作社	紫花苜蓿	7 200.00	4 800.00	4 800.00				
	科左中旗君源种植专业合作社	紫花苜蓿	800.00	200.00	200.00				
	科左中旗科翔种植专业合作社	紫花苜蓿	4 000.00	500.00	500.00				
	科左中旗坤伦草业种植专业合作社	紫花苜蓿	800.00	800.00	800.00				
	科左中旗繁盛种植专业合作社	紫花苜蓿	9 600.00	800.00	800.00				
	科左中旗瀚海绿园草业专业合作社	紫花苜蓿	2 880.00	2 000.00	2 000.00				
	通辽市科尔沁农机种植专业合作社	紫花苜蓿	4 900.00	4 200.00	4 200.00				
	通辽顺天丰草业有限公司	紫花苜蓿	4 800.00	400.00	400.00				
	正昌草业	紫花苜蓿	3 000.00	1 000.00	1 000.00				
	林辉草业	紫花苜蓿、燕麦	6 200.00	4 200.00	4 200.00				
	库伦旗龙腾牧草种植农民专业合作社	紫花苜蓿	525.00	525.00	525.00				
	库伦旗盛丰牧草种植专业合作社	紫花苜蓿	525.00	525.00	525.00				
	通辽市三牧草业有限公司	紫花苜蓿	700.00	700.00	700.00				

（续）

盟市	企业名称	产品牧草种类	生产能力	实际生产量	草捆产量	草块产量	草颗粒产量	草粉产量	其他
通辽市	通辽市禾丰天弈草业有限公司	紫花苜蓿	11 000.00	11 000.00		11 000.00			
	扎鲁特旗向前牧草种植专业合作社	紫花苜蓿	7 000.00	7 000.00		7 000.00			
	内蒙古蒙草生态牧场（通辽）有限公司	紫花苜蓿	4 000.00	4 000.00		4 000.00			
	内蒙古牧熙生态草业有限公司	紫花苜蓿	10 000.00	10 000.00		10 000.00			
	扎鲁特旗牧源农业种植专业合作社	紫花苜蓿	15 000.00	15 000.00		15 000.00			
	正昌草业	紫花苜蓿	6 380.00	6 380.00	6 380.00				
乌兰察布市	碧兴元	紫花苜蓿	5 100.00	5 100.00	5 100.00				
	海高牧场	紫花苜蓿	4 000.00	3 900.00	3 900.00				
	蒙荣牧场有限公司	紫花苜蓿	6 700.00	6 700.00	6 700.00				
	内蒙古谷雨天润草业发展有限公司	紫花苜蓿	4 000.00	2 716.00	2 716.00				
	忠澜农牧业发展有限公司	紫花苜蓿	4 000.00	1 876.00	1 876.00				
	龙源饲草料公司	柠条	5 000.00	5 000.00	5 000.00				
	北国兴农牧业科技有限公司	紫花苜蓿	4 000.00	4 000.00			3 000.00	1 000.00	
	青青草元生态科技发展有限公司	紫花苜蓿	25 000.00	24 000.00	24 000.00				
	丰登种养殖农民专业合作社	紫花苜蓿	927.00	88.00	88.00				
锡林郭勒盟	内蒙古小黑头羊牧业有限责任公司	其他多年生牧草	10 000.00	8 000.00		8 000.00			
	锡市亿产牧民草业专业合作社	其他一年生牧草	5 000.00	400.00	400.00				
	乌拉盖管理区绿野草业有限公司	紫花苜蓿	20 000.00	5 000.00			5 000.00		
	乌拉盖管理区新牧人牧业养殖专业合作社	狼尾草（象草、王草）	1 000.00	500.00			500.00		

（续）

盟市	企业名称	产品牧草种类	生产能力	实际生产量	草捆产量	草块产量	草颗粒产量	草粉产量	其他
锡林郭勒盟	锡林郭勒盟天顺祥草业有限公司	其他一年生牧草	5 000.00	4 000.00			4 000.00		
	多伦县绿地草业草种有限责任公司	紫花苜蓿	5 000.00	5 000.00	2 500.00	2 500.00			
	多伦县中科生态科技有限公司	紫花苜蓿	1 000.00	1 000.00	1 000.00				
	内蒙古超大畜牧有限责任公司	紫花苜蓿	2 000.00	2 000.00	2 000.00				
	内蒙古德兰生态建设监理有限责任公司	紫花苜蓿	2 000.00	2 000.00	1 000.00	1 000.00			

表 7-9 2017 年各盟市草产品企业生产情况

单位：吨

盟市	企业名称	产品牧草种类	生产能力	实际生产量	草捆产量	草块产量	草颗粒产量	草粉产量	其他
阿拉善盟	阿拉善盟圣牧高科生态草业有限公司 1	青饲、青贮玉米	100 000.00	60 000.00	60 000.00				
	阿拉善盟圣牧高科生态草业有限公司 2	紫花苜蓿	16 000.00	12 000.00	12 000.00				
巴彦淖尔市	天义草颗粒饲料厂	其他一年生牧草	12 000.00	7 000.00			7 000.00		
包头市	土右旗海子乡天宝农民专业合作社	其他一年生牧草	5 000.00	3 000.00	3 000.00				
	丰硕草业有限责任公司	其他一年生牧草	5 000.00	3 000.00	3 000.00				
	土右旗同祥农民合作社	其他一年生牧草	10 000.00	5 000.00	5 000.00				
	土右旗绿园生态种养殖业专业合作社	其他一年生牧草	6 000.00	3 000.00	3 000.00				
	嘉创养殖农民专业合作社	其他一年生牧草	5 000.00	3 000.00	3 000.00				
	包头市华阳润生农业生物科技有限公司	其他一年生牧草	15 000.00	10 000.00	10 000.00				
	土右旗健飞农牧科技专业合作社	其他一年生牧草	5 000.00	3 000.00	3 000.00				
	包头市北辰生物技术有限公司	其他一年生牧草	20 000.00	10 000.00			10 000.00		
	包头市鸿益农牧有限公司	其他一年生牧草	6 000.00	3 000.00	3 000.00				
	土右旗旺达农民合作社	其他一年生牧草	6 000.00	3 000.00	3 000.00				
	土右旗秋林农民合作社	其他一年生牧草	6 000.00	3 000.00	1 000.00				2 000.00
	土右旗万佳农牧业机械专业合作社	其他一年生牧草	10 000.00	3 000.00	3 000.00				
	土右旗丰硕农民专业合作社	其他一年生牧草	4 000.00	3 000.00	3 000.00				
	土右旗合丰农民合作社	其他一年生牧草	5 000.00	3 000.00		3 000.00			
	利泽农民专业合作社	其他一年生牧草	6 000.00	3 000.00	3 000.00				
	土右旗雷鑫农机服务站	其他一年生牧草	6 000.00	3 000.00	3 000.00				
	木禾草业 1	青饲、青贮玉米	5 000.00	5 000.00					5 000.00

（续）

盟市	企业名称	产品牧草种类	生产能力	实际生产量	草捆产量	草块产量	草颗粒产量	草粉产量	其他
包头市	石宝镇柠条加工厂	柠条	4 000.00	4 000.00				4 000.00	
	达茂旗金犁合作社	紫花苜蓿	900.00	900.00	900.00				
	乌克镇柠条加工厂	柠条	3 000.00	3 000.00					
	木禾草业 2	紫花苜蓿	1 000.00	1 000.00	1 000.00				
赤峰市	惠农公司	紫花苜蓿	5 592.00	4 544.00	4 544.00				
	首农辛普劳绿田园公司	紫花苜蓿	8 000.00	5 000.00	5 000.00				
	巴雅尔草业公司	燕麦	16 000.00	13 600.00	13 600.00				
	伊禾绿锦草业公司	紫花苜蓿	23 200.00	18 850.00	18 850.00				
	天一草业公司	燕麦	3 300.00	3 168.00	3 168.00				
	田园牧歌草业公司	紫花苜蓿	34 186.00	25 639.00	25 639.00				
	常鑫宏农庄公司	燕麦	2 200.00	1 100.00	1 100.00				
	天哥草业	燕麦	4 320.00	3 240.00	3 240.00				
	蒙草抗旱公司	燕麦	10 970.00	10 970.00	10 970.00				
	犇未来草业公司	燕麦	1 600.00	1 536.00	1 536.00				
	达布希草业有限公司	紫花苜蓿	5 701.00	3 588.00	3 588.00				
	地森公司	燕麦	3 300.00	3 300.00	3 300.00				
	地一公司	紫花苜蓿	2 880.00	2 448.00	2 448.00				
	草都公司	燕麦	2 810.00	2 107.00	2 107.00				
	秋实草业公司	燕麦	49 848.00	37 386.00	37 386.00				
	东星公司	紫花苜蓿	8 492.00	7 431.00	7 431.00				
	长青农牧科技公司	紫花苜蓿	852.00	745.00	745.00				
	东诺尔合作社	紫花苜蓿	6 500.00	6 300.00	6 300.00				

（续）

盟市	企业名称	产品牧草种类	生产能力	实际生产量	草捆产量	草块产量	草颗粒产量	草粉产量	其他
赤峰市	联牛牧草种植有限公司	燕麦	6 478.00	5 506.00	5 506.00				
	绿生源生态科技有限公司	紫花苜蓿	8 946.00	7 828.00	7 828.00				
	巴林左旗牧兴源饲料	紫花苜蓿	10.00	10.00			10.00		
	巴林左旗福呈祥牧业	紫花苜蓿	50.00	50.00			50.00		
	巴林左旗超越饲料	紫花苜蓿	28.00	28.00			28.00		
	赤峰市牧原草业饲料有限责任公司	紫花苜蓿	6 000.00	6 000.00			6 000.00		
	民悦君丰农牧科技有限公司	紫花苜蓿	6 500.00	5 200.00	5 200.00				
	克什克腾旗罕达罕种贮草养殖合作社	紫花苜蓿	3 000.00	2 400.00	2 400.00				
	克什克腾旗合兴农畜开发有限公司	紫花苜蓿	9 000.00	1 400.00	1 400.00				
	克什克腾旗祥达草业有限公司	紫花苜蓿	700.00	610.00	610.00				
	赤峰市克什克腾旗蒙原草业有限公司	紫花苜蓿	5 000.00	4 100.00	2 500.00		1 600.00		
	赤峰市国丰农业开发有限公司	紫花苜蓿	4 000.00	2 400.00	2 400.00				
	内蒙古沃龙海生态科技发展有限公司	紫花苜蓿	1 000.00	600.00	600.00				
	北京鼎盛基业股份有限公司	紫花苜蓿	8 200.00	8 000.00	5 000.00		3 000.00		
	赤峰市圣泉生态农牧业公司	紫花苜蓿	7 000.00	2 000.00	2 000.00				
	赤峰中牧草业公司	草木樨	20 000.00	3 000.00			3 000.00		
	内蒙古黄羊洼草业有限公司	紫花苜蓿	100 000.00	60 000.00	30 000.00		30 000.00		
鄂尔多斯市	达拉特旗邦成农业开发有限责任公司	紫花苜蓿	2 000.00	900.00	900.00				
	内蒙古正时草业有限公司	紫花苜蓿	12 000.00	10 500.00	10 500.00				
	内蒙古顺沐隆草业有限责任公司	紫花苜蓿	5 000.00	3 500.00	3 500.00				
	达拉特旗万森种养殖农民专业合作社	紫花苜蓿	1 000.00	800.00	800.00				
	内蒙古广缘十方现代生态农业有限公司	紫花苜蓿	3 000.00	2 800.00	2 800.00				
	内蒙古东达生物科技有限公司	紫花苜蓿	13 000.00	8 000.00					8 000.00

（续）

盟市	企业名称	产品牧草种类	生产能力	实际生产量	草捆产量	草块产量	草颗粒产量	草粉产量	其他
鄂尔多斯市	达拉特旗裕祥农牧业有限公司	紫花苜蓿	100 000.00	9 000.00	9 000.00				
	达拉特旗宝丰生态有限责任公司	紫花苜蓿	5 000.00	3 000.00	3 000.00				
	鄂尔多斯市万通农牧业科技有限公司	紫花苜蓿	1 000.00	800.00	800.00				
	巴彦淖尔市润福农业开发有限公司	其他一年生牧草	20 000.00	12 000.00	10 000.00		2 000.00		
	内蒙古安宏农牧业开发有限公司	紫花苜蓿	50 000.00	3 600.00	3 600.00				
	盛世金农农牧业开发有限责任公司	紫花苜蓿	50 000.00	17 400.00	17 400.00				
	内蒙古赛乌素绿丰农牧业开发有限公司	紫花苜蓿	20 000.00	6 600.00	6 600.00				
	鄂托克旗赛乌素绿洲草业有限责任公司	紫花苜蓿	30 000.00	6 000.00	1 500.00		4 500.00		
呼和浩特市	内蒙古大行农牧有限公司	紫花苜蓿	7 000.00	2 500.00		200.00	800.00		1 500.00
呼伦贝尔市	呼伦贝尔市华和农牧业有限公司	紫花苜蓿	23 400.00	5 031.00	5 031.00				
	阳波畜牧业发展服务有限公司	紫花苜蓿	8 800.00	1 760.00	1 760.00				
	阳波畜牧业发展服务有限公司	燕麦	7 000.00	7 000.00	7 000.00				
	蘑菇气镇利农蓄草农民专业合作社	青饲、青贮玉米	10 000.00	6 000.00	6 000.00				
	哈拉苏双龙合作社	青饲、青贮玉米	8 000.00	4 000.00	4 000.00				
	浩饶山景泽农牧业生产农民专业合作社	紫花苜蓿	15 000.00	7 000.00	7 000.00				
通辽市	内蒙古科尔沁肉牛种业股份有限公司	紫花苜蓿	700.00	350.00	350.00				
	科左中旗星圣养殖专业合作社	紫花苜蓿	7 200.00	3 600.00	3 600.00				
	通辽市科尔沁农机种植专业合作社	紫花苜蓿	4 900.00	2 450.00	2 450.00				
	通辽顺天丰草业有限公司	紫花苜蓿	4 800.00	2 400.00	2 400.00				
	科左中旗益牧牧草种植专业合作社	紫花苜蓿	2 500.00	1 250.00	1 250.00				
	内蒙古圣佳农业科技有限公司	紫花苜蓿	2 000.00	1 000.00	1 000.00				
	科左中旗科翔种植专业合作社	紫花苜蓿	5 600.00	2 800.00	2 800.00				
	科左中旗繁盛种植专业合作社	紫花苜蓿	9 600.00	4 800.00	4 800.00				

（续）

盟市	企业名称	产品牧草种类	生产能力	实际生产量	草捆产量	草块产量	草颗粒产量	草粉产量	其他
通辽市	科左中旗瀚海绿园草业专业合作社	紫花苜蓿	3 600.00	1 800.00	1 800.00				
	正昌草业	紫花苜蓿	3 000.00	1 000.00	1 000.00				
	林辉草业	紫花苜蓿	6 000.00	4 000.00	4 000.00				
	林辉草业	燕麦	200.00	200.00	200.00				
	库伦旗盛丰牧草种植专业合作社	紫花苜蓿	525.00	525.00	525.00				
	通辽市三牧草业有限公司	紫花苜蓿	700.00	700.00	700.00				
	库伦旗龙腾牧草种植农民专业合作社	紫花苜蓿	525.00	525.00	525.00				
	通辽禾丰天弈草业有限公司	紫花苜蓿	11 000.00	11 000.00		11 000.00			
	内蒙古蒙草生态牧场（通辽）有限公司	紫花苜蓿	4 000.00	4 000.00		4 000.00			
	扎鲁特旗向前牧草种植专业合作社	紫花苜蓿	7 000.00	7 000.00		7 000.00			
	扎鲁特旗牧源农业种植专业合作社	紫花苜蓿	15 000.00	15 000.00		15 000.00			
	内蒙古牧熙生态草业有限公司	紫花苜蓿	10 000.00	10 000.00		10 000.00			
	正昌草业	紫花苜蓿	6 380.00	6 380.00	6 380.00				
乌兰察布市	凉城县海高牧业	紫花苜蓿	8 000.00	3 000.00	3 000.00				
	内蒙古中阑农牧业发展有限公司	紫花苜蓿	3 000.00	1 500.00	1 500.00				
	内蒙古谷雨天润草业发展有限公司	紫花苜蓿	6 000.00	2 000.00		2 000.00			
	凉城县碧兴元草业有限公司	紫花苜蓿	5 000.00	1 300.00	1 300.00				
	凉城县大海草业公司	紫花苜蓿	6 500.00	3 000.00	3 000.00				
	乌兰察布瑞天现代农业	燕麦	6 000.00	6 000.00	6 000.00				
	察右前旗和润农牧业综合开发公司	紫花苜蓿	3 000.00	3 000.00	3 000.00				

（续）

盟市	企业名称	产品牧草种类	生产能力	实际生产量	草捆产量	草块产量	草颗粒产量	草粉产量	其他
乌兰察布市	丰镇市科维尔草业公司	紫花苜蓿	19 000.00	19 000.00	19 000.00				
	丰登种养殖农民专业合作社	紫花苜蓿	1 400.00	1 400.00	1 400.00				
	宏泰种养殖农民专业合作社	紫花苜蓿	700.00	700.00	700.00				
锡林郭勒盟	锡市亿产牧民草业专业合作社	其他一年生牧草	5 000.00	400.00	400.00				
	内蒙古小黑头羊牧业有限责任公司	其他多年生牧草	10 000.00	8 000.00	8 000.00				
	多伦县中科生态科技有限公司	紫花苜蓿	1 000.00	1 000.00	1 000.00				
	多伦县绿地草业草种有限责任公司	紫花苜蓿	5 000.00	5 000.00	2 500.00	2 500.00			

表 7-10 2018 年各盟市草产品企业生产情况

单位：吨

盟市	企业名称	产品牧草种类	生产能力	实际生产量	草捆产量	草块产量	草颗粒产量	草粉产量	其他
阿拉善盟	阿拉善盟圣牧高科生态草业有限公司	青饲、青贮玉米	60 000.00	40 000.00	40 000.00				
	阿拉善盟圣牧高科生态草业有限公司	紫花苜蓿	13 000.00	12 000.00	12 000.00				
巴彦淖尔市	天义饲料加工厂	其他一年生牧草	12 000.00	7 000.00			7 000.00		
	富原草颗粒饲料有限公司	其他一年生牧草	30 000.00	8 000.00			8 000.00		
包头市	包头市北辰生物技术有限公司（农作物秸秆）	青饲、青贮玉米	20 000.00	10 000.00			10 000.00		
	乌克镇柠条加工厂	柠条	3 000.00	3 000.00				3 000.00	
	木禾草业	青饲、青贮玉米	5 000.00	5 000.00					5 000.00
	包头市华阳润生农业生物科技有限公司（农作物秸秆）	青饲、青贮玉米	15 000.00	10 000.00	10 000.00				
	土右旗同祥农民合作社（农作物秸秆）	青饲、青贮玉米	10 000.00	5 000.00	5 000.00				
	土右旗剑飞农牧科技专业合作社（农作物秸秆）	青饲、青贮玉米	5 000.00	3 000.00	3 000.00				
	包头市鸿益农牧有限公司（农作物秸秆）	青饲、青贮玉米	6 000.00	4 000.00	4 000.00				
	达茂旗金犁合作社	紫花苜蓿	900.00	900.00	900.00				
	土右旗万佳农牧业机械专业合作社（农作物秸秆）	青饲、青贮玉米	10 000.00	3 000.00	3 000.00				
	土右旗秋林农民专业合作社（农作物秸秆）	青饲、青贮玉米	6 000.00	3 000.00					3 000.00
	土右旗丰硕农民专业合作社（农作物秸秆）	青饲、青贮玉米	4 000.00	3 000.00	3 000.00				

（续）

盟市	企业名称	产品牧草种类	生产能力	实际生产量	草捆产量	草块产量	草颗粒产量	草粉产量	其他
包头市	土右旗合丰农民合作社（农作物秸秆）	青饲、青贮玉米	5 000.00	3 000.00		3 000.00			
	土右旗绿原生态种养殖专业合作社（农作物秸秆）	青饲、青贮玉米	6 000.00	3 000.00	3 000.00				
	丰硕草业有限责任公司（农作物秸秆）	青饲、青贮玉米	5 000.00	3 000.00	3 000.00				
	利泽丰农民专业合作社（农作物秸秆）	青饲、青贮玉米	6 000.00	3 000.00	3 000.00				
	土右旗雷鑫农机服务站（农作物秸秆）	青饲、青贮玉米	6 000.00	3 000.00	3 000.00				
	石宝镇柠条加工厂	柠条	4 000.00	4 000.00				4 000.00	
	木禾草业	紫花苜蓿	1 000.00	1 000.00	1 000.00				
	土右旗旺达农民专业合作社（农作物秸秆）	青饲、青贮玉米	6 000.00	3 000.00	3 000.00				
	嘉创养殖农民专业合作社（农作物秸秆）	青饲、青贮玉米	5 000.00	5 000.00			5 000.00		
赤峰市	超越饲料	紫花苜蓿	20.00	8.00	2.00	2.00	4.00		
	东星公司	燕麦	0.30	0.27	0.27				
	东星公司	紫花苜蓿	0.85	0.60	0.60				
	普瑞牧	紫花苜蓿	1.37	1.10	1.10				
	长青农牧科技公司	燕麦	0.27	0.24	0.24				
	天哥草业	燕麦	0.42	0.38	0.38				
	天哥草业	紫花苜蓿	0.16	0.13	0.13				
	内蒙古黄羊洼草业	紫花苜蓿	2.40	1.92	1.92				
	内蒙古黄羊洼草业	燕麦	1.40	1.12	1.12				
	民悦君丰农牧科技发展有限公司	紫花苜蓿	6 500.00	5 200.00	5 200.00				
	赤峰市克什克腾旗蒙原草业有限公司	紫花苜蓿	5 000.00	2 500.00	2 500.00				
	克什克腾旗罕达罕种贮草养殖合作社	紫花苜蓿	3 000.00	2 400.00	2 400.00				

（续）

盟市	企业名称	产品牧草种类	生产能力	实际生产量	草捆产量	草块产量	草颗粒产量	草粉产量	其他
赤峰市	克旗合兴农畜土特产品开发有限公司	紫花苜蓿	9 000.00	1 400.00	1 400.00				
	克什克腾旗祥达草业有限公司	紫花苜蓿	3 000.00	144.00	144.00				
	达布希绿业有限公司	紫花苜蓿	0.30	0.21	0.21				
	赤峰牧源草业	紫花苜蓿	5 000.00	5 000.00			5 000.00		
	惠农公司	燕麦	0.65	0.64	0.64				
	内蒙古联牛牧草种植有限公司	燕麦	2.87	1.50	1.50				
	内蒙古联牛牧草种植有限公司	紫花苜蓿	1.00	0.80	0.80				
	普瑞牧	燕麦	0.55	0.50	0.50				
	赤峰圣泉生态农牧业公司	紫花苜蓿	2 100.00	1 800.00	1 800.00				
	犇未来草业公司	紫花苜蓿	0.16	0.13	0.13				
	巴雅尔草业有限公司	紫花苜蓿	0.20	0.12	0.12				
	巴雅尔草业有限公司	燕麦	1.40	1.20	1.20				
	伊禾绿锦草业公司	燕麦	4.90	4.40	4.40				
	常鑫宏农庄公司	燕麦	0.32	0.29	0.29				
	内蒙古黄羊洼草业有限责任公司	紫花苜蓿	100 000.00	60 000.00	30 000.00		30 000.00		
	秋实草业有限公司	紫花苜蓿	3.50	3.50	3.50				
	天一草业有限公司	紫花苜蓿	0.20	0.16	0.16				
	凌志公司	紫花苜蓿	1.17	0.60	0.60				
	天一草业有限公司	燕麦	0.13	0.12	0.12				
	地一公司	紫花苜蓿	0.29	0.26	0.26				
	达布希绿业有限公司	燕麦	1.00	0.80	0.80				
	秋实草业有限公司	燕麦	2.80	2.80	2.80				
	惠农公司	紫花苜蓿	1.42	1.40	1.40				

（续）

盟市	企业名称	产品牧草种类	生产能力	实际生产量	草捆产量	草块产量	草颗粒产量	草粉产量	其他
赤峰市	绿生源生态科技有限责任公司	燕麦	0.16	0.15	0.15				
	绿生源生态科技有限责任公司	紫花苜蓿	0.90	0.72	0.72				
	地森农业有限责任公司	紫花苜蓿	0.39	0.39	0.39				
	地森农业有限责任公司	燕麦	0.18	0.18	0.18				
	伊禾绿锦草业公司	紫花苜蓿	2.18	1.80	1.80				
	田园牧歌草业公司	紫花苜蓿	5.90	3.00	3.00				
	田园牧歌草业公司	燕麦	0.70	0.50	0.50				
	地一公司	燕麦	0.20	0.16	0.16				
鄂尔多斯市	内蒙古绿丰农牧业有限责任公司	紫花苜蓿	60 000.00	60 000.00	60 000.00				
	鄂尔多斯市盛世金农农牧业开发有限责任公司	紫花苜蓿	29 000.00	17 400.00	17 400.00				
	内蒙古安宏农牧业开发有限公司	紫花苜蓿	6 000.00	3 600.00	3 600.00				
	鄂托克旗赛乌素绿洲草业有限公司	青饲、青贮玉米	10 000.00	1 500.00	1 500.00				
	内蒙古东达生物科技有限公司	紫花苜蓿	13 000.00	8 000.00					8 000.00
	内蒙古正时草业有限公司	紫花苜蓿	12 000.00	10 500.00	10 500.00				
	达拉特旗裕祥农牧业有限责任公司	紫花苜蓿	10 000.00	5 000.00	5 000.00				
	达拉特旗宝丰生态有限责任公司	紫花苜蓿	5 000.00	1 000.00	1 000.00				
	鄂尔多斯市万通农牧业科技有限公司	紫花苜蓿	500.00	350.00	350.00				
	内蒙古顺沐隆草业有限责任公司	紫花苜蓿	1 000.00	800.00	800.00				
	内蒙古广缘十方现代生态农业有限公司	紫花苜蓿	500.00	260.00	260.00				
	鄂尔多斯市世代德鑫农牧业开发有限公司	紫花苜蓿	1 000.00	800.00	800.00				
	达拉特旗阜星种养殖专业合作社	紫花苜蓿	500.00	350.00	350.00				
	内蒙古彬海草业有限公司	紫花苜蓿	500.00	350.00	350.00				

（续）

盟市	企业名称	产品牧草种类	生产能力	实际生产量	草捆产量	草块产量	草颗粒产量	草粉产量	其他
鄂尔多斯市	达拉特旗恒义种养殖农民专业合作社	紫花苜蓿	500.00	350.00	350.00				
	内蒙古东达生态建设有限公司	紫花苜蓿	2 000.00	1 800.00	1 800.00				
	内蒙古亿利蒙草种业发展股份有限公司	紫花苜蓿	1 500.00	1 020.00	1 020.00				
	杭锦旗骜盈肉食品加工有限责任公司	紫花苜蓿	1 000.00	816.00	816.00				
	杭锦旗富亿家种植专业合作社	紫花苜蓿	1 000.00	612.00	612.00				
通辽市	库伦旗龙腾牧草种植农民专业合作社	紫花苜蓿	525.00	525.00	525.00				
	通辽市三牧草业有限公司	燕麦	700.00	700.00	700.00				
	库伦旗盛丰牧草种植专业合作社	紫花苜蓿	525.00	525.00	525.00				
	林辉草业	紫花苜蓿	5 000.00	3 000.00	3 000.00				
	正昌草业	紫花苜蓿	3 000.00	1 000.00	1 000.00				
	林辉草业	燕麦	3 000.00	3 000.00	3 000.00				
	张文柱奶牛养殖场	燕麦	1 000.00	780.00	780.00				
乌兰察布市	青青草元生态科技发展有限公司	紫花苜蓿	4 400.00	4 400.00	4 400.00				
	丰登种养殖专业合作社	紫花苜蓿	1 200.00	1 200.00	1 200.00				
	商都县义达农牧业专业合作社	紫花苜蓿	2 000.00	1 500.00	1 500.00				
	宏泰种养殖农民专业合作社	紫花苜蓿	300.00	300.00	300.00				
	龙源饲草料公司	柠条	5 000.00	5 000.00	5 000.00				
	北国兴农牧业科技有限公司	紫花苜蓿	4 000.00	4 000.00			3 000.00	1 000.00	
	凉城县海高牧业	紫花苜蓿	8 000.00	3 000.00	3 000.00				
	内蒙古谷雨天润草业发展有限公司	紫花苜蓿	6 000.00	2 000.00	2 000.00				
	商都县劲草牧业有限公司	紫花苜蓿	2 100.00	1 600.00	1 600.00				
	乌兰察布市原有机农业科技有限公司	紫花苜蓿	500.00	500.00		500.00			
	凉城县碧兴元草业有限公司	紫花苜蓿	5 000.00	1 300.00	1 300.00				

（续）

盟市	企业名称	产品牧草种类	生产能力	实际生产量	草捆产量	草块产量	草颗粒产量	草粉产量	其他
乌兰察布市	内蒙古润田农牧业有限公司	紫花苜蓿	1 500.00	1 500.00		1 500.00			
	内蒙古中澜农牧业发展有限公司	紫花苜蓿	3 000.00	1 500.00	1 500.00				
	凉城县岱海草业公司	紫花苜蓿	6 500.00	3 000.00	3 000.00				
锡林郭勒盟	苏尼特右旗民贸土畜产农资公司	羊草	1 500.00	1 300.00			1 300.00		
	多伦县绿地草业草种有限责任公司	紫花苜蓿	1 225.00	1 225.00	1 225.00				
	多伦县中科生态科技有限公司	紫花苜蓿	200.00	200.00	200.00				
	内蒙古德兰生态建设监理有限责任公司	紫花苜蓿	200.00	200.00	200.00				
	内蒙古超大畜牧有限责任公司	紫花苜蓿	500.00	500.00	500.00				
	正蓝旗好牧人种植专业合作社	紫花苜蓿	2 000.00	2 000.00	2 000.00				
	正蓝旗金沙湾饲草料有限公司	燕麦	333.00	333.00	333.00				
	正蓝旗好牧人种植专业合作社	青饲、青贮玉米	700.00	700.00				700.00	
	正蓝旗好牧人种植专业合作社	青莜麦	434.00	434.00	434.00				
	正蓝旗金沙湾饲草料有限公司	青饲、青贮玉米	1 850.00	1 850.00				1 850.00	
	正蓝旗金沙湾饲草料有限公司	紫花苜蓿	800.00	410.00	410.00				

附录1　主要指标解释

一、草原保护建设情况

（1）草原总面积指天然草原与人工草地面积之和。

（2）改良草地面积：指在天然草地上，在不破坏原有植被的条件下，通过撒种、补播或采取灌溉、松土、施肥、围栏封育等措施，使天然草地得到改善的面积，但在同一草地上补种两次或采取两种以上改善措施的面积，不能重复计量。

（3）草原围栏面积：指采用铁丝、木桩、石头、灌木等围圈措施的草地面积。

（4）鼠害危害面积：达到鼠害防治指标的草原面积。

（5）虫害危害面积：达到虫害防治指标的草原面积。

二、多年生牧草和饲用灌木种植

（1）牧草指主要用于喂养反刍牲畜的一年生和多年生牧草，不包括饲料作物。

（2）年末保留种草面积：往年种植牧草且在当年生产的面积与当年新增的牧草种植面积之和，即多年生牧草年末保留面积与当年新增一年生牧草种植面积之和。

（3）人工种草面积：是指经过翻耕、播种，人工种植牧草（草本、半灌木和灌木）的草地面积，但不包括压肥的草田面积，但在同一块草场上播种两次或采取两种以上措施的面积，不能重复计算。

（4）飞播种草面积：用飞机播种牧草的天然草地面积，不含模拟飞播面积。模拟飞播面积计入人工种草面积中。

（5）改良种草面积：人工补播改良的天然草地面积，但在同一块草场上补播两次以上的面积，不能重复计算。

（6）人工种草、飞播种草、改良种草之间没有包含关系。

（7）混播面积仅按主要一种牧草种类填报。

（8）多年生牧草指生长两年及两年以上的牧草，不含越年生牧草。

（9）单位面积产量和总产量计干重。

三、一年生牧草生产情况

（1）一年生牧草中包含越年生种类，当年播种的越年生牧草面积计入次年种植面积。

（2）饲用作物是以生产饲草为目标，不用于生产籽实的作物，包括青贮专用玉米、青饲或青贮高粱等，也包括草食反刍家畜饲用的块根块茎作物。

（3）混播面积仅按主要一种牧草种类填报。

（4）青贮量计实际青贮重量，不折合干重。

四、牧草种子生产情况

（1）种子田面积：人工建植专门用于生产草籽的面积。

（2）草场采种量：在天然或改良草地采集的牧草种子量。

（3）草种生产量＝草种田生产量＋草场采种量。

附录 2　全区牧区、半牧区旗县区名录

盟市	牧区县		半牧区县	
	数量/个	旗县区名称	数量/个	旗县区名称
合计	33		21	
包头市	1	达尔罕茂明安联合旗		
赤峰市	5	阿鲁科尔沁旗、翁牛特旗、巴林右旗、巴林左旗、克什克腾旗	2	林西县、敖汉旗
通辽市	3	科尔沁左翼中旗、科尔沁左翼后旗、扎鲁特旗	4	科尔沁区、开鲁县、奈曼旗、库伦旗
鄂尔多斯市	4	鄂托克旗、乌审旗、杭锦旗、鄂托克前旗	4	东胜区、准格尔旗、达拉特旗、伊金霍洛旗
呼伦贝尔市	4	新巴尔虎左旗、新巴尔虎右旗、陈巴尔虎旗、鄂温克旗	3	阿荣旗、莫力达瓦旗、扎兰屯市
巴彦淖尔市	2	乌拉特中旗、乌拉特后旗	2	乌拉特前旗、磴口县
乌兰察布市	1	四子王旗	2	察哈尔右翼中旗、察哈尔右翼后旗
兴安盟	1	科尔沁右翼中旗	3	科尔沁右翼前旗、突泉县、扎赉特旗
锡林郭勒盟	9	阿巴嘎旗、锡林浩特市、苏尼特左旗、苏尼特右旗、镶黄旗、正镶白旗、正蓝旗、东乌珠穆沁旗、西乌珠穆沁旗	1	太仆寺旗
阿拉善盟	3	阿拉善左旗、阿拉善右旗、额济纳旗		